U0902226

唯有努力不负光阴

人民网
移动中心
——

主编

中国画报出版社·北京

目 录

我说："深夜没哭过的人，不足以谈人生。"

不过，总在深夜里哭的人，更过不好这一生。

想哭的时候，
去奔跑吧

文 / 李尚龙

1

上次我见到小菁时，她已经把眼睛都哭肿了。

毕业季，她和相处四年的男友分手，学校宿舍到期，在北京无家可归的她拖着沉重的箱子，和室友一起在学校门口找了一间一天100块钱的宾馆，暂时住了下来。

房间太小无处落脚，床上堆满了东西。

父母让她回家找工作，她说：“再等一年吧，找不到工作我就回去。”她说，大城市决定了她的眼界，她不愿这么平平淡淡地度过一生。

于是，她带着雄心壮志开始找工作。可她第一天就碰壁了，被拒绝好几次之后，终于有一家公司想要她：实习工资3000元，没有五险一金，早上8点到下午5点，可能会加班。

她算了算自己的房租，一个月少说也要3500元，自己还要吃饭，就算吃最简单的，一个月伙食费也要2000元，打车500元，社交500元……算到这里，她已经崩溃，这样的生活，究竟何时是个头？

这些天，她跟老师告别，跟同学说再见，甚至去了前男友的宿舍楼下，让他下来和自己一起穿着学士服照相。她哭着对他说："我们以后要行如路人啦！永别了！"

她一路都在哭，每晚都在喝。

她说："只有毕业时，才发现大学四年是这么美好，未来是这么迷茫。"

她坐在我面前，哭得满脸花，说舍不得，我在一旁，不说话，只是笑着。

她说："龙哥啊，你笑什么啊？你哪里能体会到我们这种分别的痛和对未来的迷茫呢？你哪里知道我们这些一无所有的姑娘深夜里痛哭的感受？"

我喝完杯中的酒，跟她说："其实我都知道，也都经历过，只是，我比你更明白一些道理。"

她说："什么道理？"

我说："深夜没哭过的人，不足以谈人生。"

不过，总在深夜里哭的人，更过不好这一生。

2

毕业后，你会发现很多东西都不公平：凭什么他能找到好工作，凭什么他能外派，凭什么他有个好爸爸？可是，对每个人都最公平的，就是他们一天都只有24小时，除去无法控制的朝九晚五，剩下的闲暇时间，才最能区分每个人。

与其多愁善感地活，还不如乐观积极地面对每一天。

我想起自己刚开始在北京打拼时，喜欢晚上挂着耳机听民谣。音乐响起时，旋律缓慢，孤独感钻心，眼泪唰唰地掉。

尤其是在夜晚，我住在出租房的隔断间中，总是拿出手机，想打给谁，可翻遍了通信录，却不知向谁发泄；也经常会刷着网页，无所事事，反而更加孤独。

忙碌起来的人，永远没时间哭泣，

他们会边哭边跑，但不会停下来。

而白天，我都在苦哈哈地备课或帮别人写剧本，靠这些为生。

身在远方，还在为五斗米折腰，这时，如果父母再打个电话来，我一定会哭得稀里哗啦，说自己不容易，说自己很想家。

其实，每个人都一样，都有过深夜痛哭的经历。

可是，既然选择了远方，就要风雨兼程，每个人都要学会独自长大。人最怕的，不是困难，最怕的，是还未成大事时，无尽地自怜。

自怜比自恋更可怕，一个人总认为自己不容易，并且不停地放大这种感受时，他就注定是个无所成就的悲情主义者，而这种人，往往一无是处，自以为很努力，却只是感动了自己。

大城市不相信眼泪，其实，每个奋斗的地方，都不相信眼泪，他们只看你的成就。

你可以在深夜哭，但一定要学会哭着奔跑，而不是蹲在地上，哭到情深处，不能自拔。

记得有一年过年，因为工作太忙，我没有回家。听着外面的鞭炮声此起彼伏，我回到租住的房间。空空的房间，孤单的自己，我把音乐的音量调到最大，忽然难过了起来，想给家里打个电话。

我听到父亲的声音，深情地喊了一声："爸！"

没想到爸爸说了一句话："有事儿吗？有事儿忙自己的去，没事儿回来再说，爸爸和妈妈在散步呢……"

我的矫情感顿时飞到九霄云外。

3

托马斯·卡莱尔曾经说过："未哭过长夜的人，不足以语人生。"

虽是如此，但我逐渐明白，总在黑夜里哭，生活在眼泪里的人，终究也无法用乐观的节奏，过好这一生。

后来，我忘记了矫情，而是把目光盯着自己的目标，慢慢地学会了和时间赛跑。

我的生活节奏很快，每天写计划，然后第二天完成它。

忙碌起来的人，永远没时间哭泣，他们会边哭边跑，但不会停下来。

那段日子，每天回到家，我都精疲力竭。于是我打开书，翻几页，安静地阅读；或者我会看一部电影，让自己融入到剧情中。

我开始学会记读书笔记，写电影影评，这一写，就写了一块硬盘。

我开始听五月天的歌，他们的歌曲能给我力量，能让我坚强地奔跑，能为我擦去眼泪，为我疗伤。

每天忙碌的生活，让我每天都在进步，每天都跟打了鸡血一样，奔波在这个高速运转的城市的每一个角落，没有时间去流眼泪。

最重要的是，这样的奋斗，让我每天都能变得更好一点儿，当能看到曙光时，当有一点儿成就时，也就不再需要流泪。

记得有一次回家的路上，路灯照在我身上，在脚下，我看到一个熟悉而孤单的影子。

这不是我自己吗？他怎么这么可怜……那一刻，我所有的动力都可以变成眼泪，让我大哭一场。

可我没有，我立刻加快脚步，回到家，打开电脑，赶紧完成今天最后的工作。

等工作结束后，我已精疲力尽，关上灯，很快就睡了。

只有奔跑，才能止住眼泪。

想起之前在床上辗转反侧的日子，我忽然明白，其实我只是太闲而已。

第二天起来，我又“满血复活”。

其实所有的抑郁、难过、愤怒、流泪，归根到底都是对自己不满，都是才华配不上梦想，既然如此，哭，又能有什么用呢？

只有奔跑，才能止住眼泪。

4

我把这段故事讲给小菁听，她笑了，对我说：“龙哥，你是不是觉得我天天哭特别傻，我还能怎么做呢？”

我说：“哭完记得跑起来就好。嗯，是挺傻。”

她忽然笑了，说：“你别说，当我想到接下来的目标时，似乎就不那么难过了，反而多了一些动力。”

我没说话，想起我的老师曾经对我说的一句话，每个成功的人，一定会被别人问一个问题：你深夜痛哭过吗？你发现了吗？那个时候，你的眼泪才有意义。

这个世界有时候很残忍，只有参天大树上的疤痕才会被人留

意，小草的伤痛，只会被人略过，没人看得见。

所以，想哭的时候，去奔跑吧，你会发现，跑起来的人，哭着都那么迷人。

其实
我现在也挺好的

文／辉姑娘

那日，高中同学温兰打来电话抱怨。

“这个小破镇子，连家电影院都没有。上次有部大片据说IMAX（巨幕电影）效果最好，结果整个镇子上连块IMAX屏都没有，我坐了3个小时的车才到附近的城市里看上，麻烦死了。

“小时候没觉得，越大越觉得这里无聊。屁大的地方，什么牌子都没有，人也没多少，快递都不爱送我们这边。想去下馆子，就那么几家小饭店都吃腻了。别说出国，到现在为止我还没出过省呢，每天看你们在朋友圈里说又去了哪个国家，吃了哪些好吃的，真是羡慕。

“一个月就赚3000多块的工资，比不了你们，听说××在她的公司还有股份可以拿，已经买别墅了！”

我耐心地倾听，等她说够了才安慰：“你那么聪明，大学学的是新闻，人又漂亮，不如干脆辞职出来试试？不管北京、上海，都有老同学在，虽然帮不了太多，介绍个工作还是没问题的。从底层做起，这边机会多，只要肯努力，没几年就能升职加薪了，不是挺好的？”

温兰却犹豫了。

“那当然不错啊，不过我男朋友还在这边，总不能抛下他一个人背井离乡吧？再说了，这边房价便宜啊，父母给出几万块首付，我俩也够还房贷了，能住个100多平米的呢。再省省还可以买个小车代步。我的工资是不高，可是清闲，下午五点就下班，你们得天天加班到八九点，太容易老了。何况父母都在身边，我可受不了一年都见不了他们几面。到了外地，吃东西也不习惯，听说北京特别干燥，容易得鼻炎和咽炎，为了身体考虑，还是算了吧。”

我很无奈：“那你刚刚的意思是？”

“我就是抱怨几句，其实仔细想想，现在也挺好的。对吧？”

与温兰正相反的是赵贤，他每天都要念叨几句想回老家的车轱辘话。什么在北京水土不服啊，工作压力大啊，不加钱就打不到车啊，就想吃家乡菜啊……说多了大家都烦了。那天，一位同事听他说完忽然说道：“那你就回家啊，来北京不容易，回家还是简单的吧。”

赵贤却又犹豫了，结结巴巴地把话往回圆：“我就是那么一说，其实在这里也挺好的，月薪都过万了，回老家哪赚得了这么多？虽然租着房子，但是自在啊，父母催婚也催不到耳边，挺好的，挺好的。”

某著名影视公司全国撒网，为一个新项目甄选新人，一个正在读大四的姑娘被相中。她条件好，气质佳，虽然未经专业训练，但自带灵气，被导演评为可造之材。公司当即决定签下她，连戏约都已打印出来，只等双方签字，姑娘自己也非常高兴。

结果在签约前夜，姑娘哭着打来电话，说男朋友联合了自己

“这样也挺好的”的潜台词是——

“如果那样，会更好吧？”

的父母施压，要求绝对不能签约，更不能去北京。他们要求两人毕业就结婚，家里给姑娘在当地找了一份月薪2000元的工作，说这样更稳定，最好结婚了就赶紧趁年轻生个孩子。

公司觉得不可思议，问姑娘要不要再考虑一下，毕竟这部戏是多少新人求之不得的，只要签下来，酬劳丰厚不说，未来的星途已经清晰可见。“你确定要放弃吗？你才21岁，这么年轻就要结婚生子？哪怕给自己一个机会呢，来北京试上一两年，如果实在不合适，再回去也不迟啊。”经纪人苦口婆心地劝说。

姑娘只是哭，说自己真的很想要这个机会，只是从小就对父母百依百顺，实在无法忤逆。

她说：“姐姐你说我应该怎么办？你教教我。”

经纪人很无奈：“我们肯定不会勉强任何人，但命运是自己掌控的，你又的确喜欢这份工作，不如大胆地去争取一次。如果不方便开口，我们可以请导演和领导登门帮你说服父母。”

她抽噎着，嗫嚅半晌：“其实我也想通了，我现在也挺好的，就不折腾了吧。”

经纪人只得一声叹息。

两年后，这个项目获得成功，最终选择的另一位新人发展顺利，前途一片大好。而这个女孩子在她所在的城市结了婚，怀孕3个月的时候，丈夫因为酗酒打架伤人进了监狱，家里没钱赔偿，判得很重。

女孩子给经纪人打来电话，带着一丝希冀询问：“姐姐，你说我生完孩子再跟你们签约，还来得及吗？”

经纪人委婉地拒绝了她，她有些沮丧。经纪人于心不忍，听她抱怨婚后她丈夫对她不好，曾酒后掌掴她，导致她几度想过离婚，便劝说她趁这次对方入狱干脆结束了这次失败的婚姻，即使不做演员，也可以开始另一种全新的生活。

她犹豫了一会儿，仿佛自言自语般轻声道：“这样是不是太狠了？也不至于啦，他对我还是挺好的，偶尔犯错了而已……等孩子出生，也许就又有希望了，对吧？”

经纪人无言以对，只得默默地挂断了电话。

有一些人，对另外的世界怀有无限期待和憧憬，表达出对现有生活的厌恶和痛苦，于是他们不停地寻求答案。而当你真的给出建议，让其为了自己的人生放手一搏，做出相应的改变时，这些人就会如沙滩上的小蟹，备受惊吓地迅速缩回泥沙洞里，战战兢兢地伸出一只爪尖拼命摇晃。

“算了，我现在也挺好的。”“他 / 她对我也挺好的。”“其实我们很爱彼此。”“其实这份工资也不少了。”“也许换个环境更不好呢。”……

既然都挺好，又何必寻求解决呢？

从主动开口询问方向的那一刻开始，就说明现有的已经不够满足你了。

“这样也挺好的”的潜台词是——“如果那样，会更好吧？”

要知道，是你选择了人生的路，而不是路选择了你。

不喜欢这条路怎么办？要么忍，要么改。

忍要有忍的度量，改要有改的魄力。至少不能一动不动，坐在路边哭哭啼啼吧？

想得到什么就去追求，想离开什么就赶紧走，想爱谁就去告白。

能上就上，不行就撤。至少试过了，不后悔，能犯多大的错？

如果没那个勇气，就固守本分，踏踏实实，经营当下。

最怕做了选择还这山望着那山高，永远搞不懂红玫瑰与白玫瑰的道理。整日如同祥林嫂一般唠唠叨叨地倾诉苦闷，等到别人认真地指出路来，又胆怯无比地举手投降。

末了，没准还要暗暗埋怨一句：“说得轻巧，哪是那么容易的？”

进无勇气，退无顺和。追无诚意，放舍不得。

你以为自己无欲无求，却是另一种意义上的欲壑难平。

只有在艰辛生活的间隙中积极梳理，不麻烦他人的自我调节，才是真的好。

至于那些在绝望抱怨后所吐出的“挺好的”，都是无力改变或懒得改变之下的聊以自慰，也是纠结难平或心有不甘者无奈之下的情绪麻醉。他们并不值得理解和同情，更不值得真心诚意给出合理意见。

最多不过举起酒杯，对面前的人露出一个包容的微笑，语气诚恳：“我也觉得您现在挺好的，真的。”

我过早地知道自己想要的东西，

和世界期待我去实现的那些，完全是两回事。

拼命要趁早

文／杨熹文

那是一个黄昏，我坐在窗边的位置，漫不经心地看着6楼外的街区。那一年，春天的尾巴比任何时候都潮湿，连日来淅淅沥沥的雨让整个城市看起来像一块拧不干的抹布。母亲在离我不远的地方，手中的报纸拿起又扔下。她不住地叹气，更为家里的气氛蒙上了一层阴影。

“在家这边找份白领工作不好吗？能在家住，在家吃饭。”她说。

“我就是要走。”我连头也不回。

那年我23岁，毕业后很迅速地找到一份工作，但又很迅速地辞掉了。如今也不知道那是幸运还是不幸。我过早地知道自己想要的东西，和世界期待我去实现的那些，完全是两回事。

世界要我23岁恋爱，25岁结婚，28岁生子，而我只想把人生赌在一条未知的旅程上。坐上飞往新西兰的飞机，我不知道那个国家有多少土地和人口，说不清自己的行李中装了些什么，但在一万米的高空向云层望去，我竟是那么确定，我赢定了。

5年里，我跌跟头，爬起来，摔跤，再站起来。我同时打着几份零工，一分分攒下钱去读书，再一无所有地从头开始，继续朝五晚九地工作，好歹保全了一副完整的骨骼和缺了角的自尊。

20岁时，人的力气和主意怎么也用不光。我愿意熬夜写一篇几千字的论文；我愿意整夜为一篇文章做构思；我愿意开着破到极限的N手车，穿着洗得发白的衣裳在打工的餐馆和学校间奔走……那几年，我最开心的事情，就是守在冷得几乎和室外无差别的出租屋里，翘着脚，数着一周的工资。薄薄的一沓，是我拼命的意义。鼻涕掉下来，我却哼起歌，生命真好，每隔一年的春天，我都会迎来更好的生活。

我用力享受着青春，从未想到它带来如此丰厚的回报。在我把自己最初3年的故事变成第一本书出版后，我忽然被冠以“拼命姑娘”的称号。有很多采访都以这样的句式开头：“听说您当年出国的时候，才23岁时，在异国他乡一无所有，无亲无故，要靠打好几份工支撑生活，到底是什么样的力量支撑您走过那段艰难岁月的呢？”

我后来为此总结出一段华丽的答案：人们常说“下决心是一件事最难的那个部分”，其实对于20岁出头的人来说，“下决心”是最简单的一件事。说走就走，说做就做，即使被命运逼到死角，只要捏住一束光，即使它那么微弱，我也会在心底窃喜：嘿嘿，你瞧，天无绝人之路嘛。

我和同期到达新西兰的朋友回忆起那段奋斗经历时，得出同样的感慨：“勇气果真是年轻人的独有资本。”

她说：“那时候开一辆破车，哪条不认识的路都敢闯，现在开上崭新的福特，配上GPS反倒变得小心翼翼。那天，我走错路，心里却大喊阿弥陀佛。20多岁时的勇敢怎么都不见了？”

我点着头，说：“是呀，当年出国前我妈非要我找一份在家附近的工作，住在家里，吃在家里，那时我多决绝。如果是现在，说不定我就会回她：‘好的，妈妈，没问题！’”

之前我被邀请去参加悉尼的华人书展，拖到最后一个月才去办理签证。在首都递交好材料，剩下几天时间，我准备游玩。本来有数个游玩项目在等着我，但我却担忧起去悉尼的旅程来，几个晚上都是梦——那么大的都市我该住在哪儿，遇到危险我该怎么办，要不除去参加书展我就干脆待在旅馆里？

谁能料想到，刚刚过完28岁生日、已经可以独当一面的我，5年前敢在一无所有的状态下一个人拖着行李箱潇洒地走在街上的我，如今有了一切必备条件——语言沟通已没有问题、银行卡上有足够的金额、酒店就在城中心不远的位置，却失去了大半勇气。怪不得有人说，再不疯狂就老了。不敢疯狂，不是因为老了，而是因为老了而失去了勇气：23岁在打工结束后一个人在夜里走回家的勇气，果真在28岁就消失不见了。

我在网上连载自己的励志故事已有4年之久。最初有很多读者向我咨询过人生建议，其中不乏“我想做××，但是家人不同意”的声音，我的回答一律是：“趁年轻赶快去追求你的梦想，现在犹豫不决，以后就真的没有机会了。”

4年多之后的今天，有些人再回到我的社交账号，告诉我当初自己下定决心现已闯荡四方的收获，也有人用几年前同样的话继续问着我，“我想做××，但是家人不同意”。可以预见的是，这样一类群体，能够实现梦想的可能性非常渺茫。

有这样一个姑娘，在4年间持续向我倾诉，从“是否应该遵从内心出国”问到“父母催促我嫁人，我该怎么办”。我的经历告诉我，你越早决定去做一件事，就有越多的勇气；越延迟，就越会失去信心，浪费时间并融入自己并不喜欢的庸人队伍。

就像张爱玲那句闻名已久的座右铭“出名要趁早”，其实拼命也要趁早。

太晚了，人生也许就是另一番情境。

生活很公平，你放任它，

它就会在你有难的时候撒手不管。

不要等到生活为难你时，才来后悔过去太安逸

文 / Jenny乔

现在，有句话出镜率特别高：活在当下。

而且你会发现，越年轻的人越喜欢说这句话。每次，我只要跟弟弟妹妹们说，多为以后想想，他们就会拿这句话来反驳我。他们经常说："姐，你活得累不累？"

说实话，一点儿也不累。一想起要把未来交给命运的恐怖，我就宁可现在多费点儿脑子。

过去，我也不喜欢计划，生活过得很随性，总觉得自己还年轻，何必要考虑将来？大家都说，你不知道会在转角撞上哪个傻

瓜，也不知道死亡会不会比明天先来。

于是，我就信了，过起了月光生活，吃喝玩乐，钱总也不够花。但我也觉得没什么大不了，反正家里有吃有喝，也不指望我改善生活。

让我的生活观彻底改变的是一个男同学。

他和我一样，家里算不上富，但从小也吃喝不愁。有一份工作，上班赚钱，下班玩乐，日子算不上奢靡，但也攒不下钱，工作两三年都没什么积蓄。不过，身边的朋友都是这么过的，他也没多想。

直到有一天，他家里发生了一个意外。

那是一个很普通的上班日，他突然接到一个电话，是医院打来的，他妈妈出了车祸被送进了抢救室。

那时候，他爸爸出差在外地，他慌乱地冲向医院。

还好，他妈妈没事。

可是，一个更麻烦的事情出现了，医生让他交住院押金。他掏出了所有的银行卡，发现连一万块钱都凑不出来。

那一刻，他崩溃了。

他是外地人，家里除了爸妈，所有的亲戚都在老家。爸爸不在家，妈妈不清醒，他连家里的存折、银行卡放在哪儿都不知道，所以着急地给我打电话，问我有没有熟人可以帮忙。

我急忙从我妈那儿拿了一万块钱给他送了过去。

交完押金，他蹲在楼道里痛哭流涕的样子，我这辈子都忘不掉。

那一刻，我突然很害怕，不是意外随时会来，而是我根本没有抵御意外的能力。如果那天是我处在他那样的境地，我的银行卡里也没有那么多钱……

那阵子，我经常去医院看他。

在那里，我听到不少悲伤的故事。我发现，有很多无可奈何都和没钱有关。

有一次，一个医生和病人家属在走廊里聊天，说起一种治疗癌症的新药。医生叹着气说，国外研制的新药效果更好，副作用更小，如果有条件，考虑出国治吧。言下之意，我帮不了你太多。那个病人家属虽是一个大男人，眼泪却也止不住地流。

那是我第一次知道穷有多可怕。

从此之后，我们两个都改变了，再也不会傻傻地每天只想着吃喝玩乐，而是开始学着规划生活，为未来多想一点儿。

他后来对我说，现在回想起来，生活对他真不错，用一个小波折让他清醒了过来，而不是等到一切都来不及。

对未来想得少的人大致有两种心态：第一种是沮丧，觉得自己无力改变现实，所以干脆放任不理，过一天是一天；另一种是自恋，觉得自己可以应付生活所有的刁难，没有过不去的坎儿。

这两种心态都是祸害。盲目悲观和盲目乐观都是对生活的放任。你该负责任的时候即便是疏忽，你也要获罪。

生活很公平，你放任它，它就会在你有难的时候撒手不管。

其实，人生的很多失利不是所谓世事多变，而是一个人对未来的放任造成了苦果。

大学毕业那一年，不少同学就吃了亏。

那时候，英语好的同学都想去外企，英语不好的同学觉得自己水平不够干脆就选择进民营企业或者考公务员，勉强考个英语四级，能毕业就好。结果，不少公司招聘的时候突然说，我们需要擅长英语的人才，面试的时候也都多了口语考核这一项。

这下子，很多同学都傻眼了。奔着一个不需要说英语的工作去，却突然发现英语成了一个必备条件。

这幅画面是不是很熟悉？想想看，多少次，你对自己说，反正我现在也不需要，等需要的时候再学也来得及。可是，后来却发现，机会眷顾你的时候，你根本不够资格。

忽然想起蔡康永的那段经典名句：“15岁时觉得游泳难，放弃游泳，到18岁遇到一个你喜欢的人约你去游泳时，你只好说‘我不会’。18岁时觉得英文难，放弃英文，28岁时出现一个很棒但要会英文的工作，你只好说‘我不会’。人生前期越嫌麻烦，越懒得学，后来就越可能错过让你动心的人和事，错过新风景。”

有时候，你总以为别人特别幸运，后来才发现，不过是别人比你提前努力而已。那些在你眼里毫无价值的努力，就是你和别人眼界上的差距。

乔布斯在斯坦福大学演讲时说，自己辍学之后因为有兴趣而学了书法，书法给他后来的事业带来了巨大的优势。他说人要信赖直觉。但仔细想想，你就会发现，乔布斯早就已经发现学校教育无法带给他想要的东西，他在主动选择自己的人生。

人生是一场逆水行舟，不和别人比，但不能放弃和自己比。即使是停在同一个水平，对你来说，都算是一种倒退。

我发现，很多时候，人之所以活得随意，是因为根本不知道

既然找不到喜欢的事，

那还不如好好地享受当下。

自己要什么，所以，对于事业、家庭，甚至人生，都没有什么规划，不知道怎样主动为自己做选择。

身边不少朋友曾经跟我说，人的天性就是不定的。你今天觉得某件事很有趣，于是下定决心勤奋努力，但明天可能就会越看越烦。

既然找不到喜欢的事，那还不如好好地享受当下。

可是，不主动为自己做选择的人，在这个飞速发展的世界将优先被淘汰。

曾经有个读者问我，为什么自己三十几岁了，身边还是一群只能吃喝玩乐的朋友，而自己那些大学同学，早就已经跻身高层次的生活圈了。

我唯一的答案就是，你从来没想过自己的未来是什么样子。

过去很多人四十几岁才有的中年危机，现在三十几岁的人就感同身受。因为正是初出茅庐那几年的积累拉开了人与人之间的段位。有些人越来越值钱，有些人的路却越走越窄，有没有为将来做过打算是很重要的原因。

你得有想法、有底气才能去和生活谈判。

虽说人不能预知一切，但是有些事你明明可以做得更好，有些话你明明可以说得更得体，却只是因为不在意而白白错过了让生活变得更好的机会。

想来，生活对你的为难不过都是为当年自己的懒散买的单。

每个人的进步和发展都需要走出“舒适地带”，去主动选择。

管理学上，有一种“鲇鱼效应”。如果你把鲇鱼放在小鱼的生存环境里，反而会激活小鱼的求生能力。心理学家无数次地告诉我们，适当的压力对人的成长是很有帮助的。

我最欣赏的生活状态是尽最大的努力，做最坏的打算。无论物质上还是精神上，都要学会把根基打牢，才不会等到有一天狂风暴雨袭来时，发现自己无依无靠。

所以，我们都该反思“活在当下”真正的意思。我更愿意把它解读为在每一刻倾尽全力地去生活，不担心未来，不留恋过去，但别忘记，你得走在一条自己想走的路上，并且保持前行的能力。

慢慢变好
是给自己最好的礼物

文 / 米粒

几年前，我教过一个名叫田田的小女孩。她总是非常热心地帮着我发作业、收卷子、维持课前秩序，仰头看着你的时候，脸上会堆起暖暖的笑意，楼道里碰见了也会迎上来拉着你问东问西。

我猜想她是那种人见人爱、勤奋上进的小姑娘，不料开学没多久，她就开始逃值日、抄作业、上课吃零食，各科成绩也纷纷垫底，暴露出一枚学渣的本性。

那时候，她脸上的笑意越来越淡，总是一个人独来独往，同学们提到她，也都带着难以言明的瞧不起的表情。各科老师开始和她推心置腹地谈心，鼓励她重拾自信，好好学习。

没有人心甘情愿接受失败的自己，成绩连续下滑让她的生活开始动荡不安。第一学期期末考试，语、数、外三科她都没及格，发卷子的时候，我看见角落里的她一边把卷子塞进书包，一边慌乱地抹去眼角的泪滴。

我到底没忍住，还是在放假前的最后一天晚上给她发了一条短信："田田，我知道这样的成绩一定让你非常难过。我不想骗你说这是个意外，说什么这不是你真实的水平。实际上，你的学习状态几乎决定了你在学校的一切。记住这种难过的感觉，让它时不时地刺痛你，成为你奋起直追的动力，多难都不要放弃。相信我，这个世界上最幸福的事情就是坚强地从谷底爬出来，看着自己一点点地变好。"

她并没有回复我，我甚至都不确定她有没有收到这条短信，后来我也忘了这件事。寒假过后，返校的第一天下午正好是各科补考，田田一个人连战三场，一直考到静校铃声响起，才吐着舌头回了家。第二天，各科老师传来补考成绩——田田都是60来分，勉强及格。我去查了那些试卷，看得出她答得很吃力，好在够顽强——每道题都不管对错，答得满满当当。也好，我苦笑着想，先以量取胜，至少她没有放弃。

新学期没开始多久，我就发现田田开始写作业了，测验本从之前满篇的红叉子变成了偶尔能及格。有一次上课，我要检查背诗，她原本游离的眼神突然热切地投向我，仿佛满脸都写着：“快叫我，快叫我。”

可是这篇很长啊，田田能背下来吗？如果背不下来，她刚刚鼓起的信心会不会又受打击啊？我的脑子飞速地运转着，但依旧选择了相信她。听到自己的名字，田田深吸了一口气，慢慢站起来。班里几个顽皮的男生看到她站了起来，不怀好意地交换着眼神。

田田仿佛在家操练过很多回似的，字正腔圆地开始背诵，字音、停顿、语气、声调，所有的一切都特别完美。同学们都惊呆

世界上最幸福的事就是看着自己一点点地变好.

了，顿了一秒，全班开始为她鼓掌加油。我永远也忘不了田田听到掌声时的那种眼神，怯弱中带着骄傲，随即又化成一种笃定的自信，仿佛这掌声早就应该为她响起。我向她投去赞许的目光，她心领神会地扬起了头，脸上重新堆满了暖暖的笑意。

后来，田田开始认真写作业了。

再后来，她的数学虽然还是不好，但语文和英语已经爬出了班级的后10名。

到了初二，同学们早就忘了先前曾对她有过的些许轻视。课间的时候，常常听到有同学亲切地呼唤她的名字。

初三那年，大家学得都很苦，中考体育又从30分升到了40分。田田身体弱，一提到800米就犯怵。班里有几个女生早早放弃，有个小病就嚷嚷着要免体。

只有田田经常比别人早起15分钟到学校晨跑，还买了两个沙袋捆在裤脚上。她从秋天跑到冬天，又从冬天跑到春天，我几乎每天都能在操场上看见她攥着小拳头一圈圈地跑，等5月份体育考试的时候，她的800米跑了满分，让体育老师惊呼不可思议。

后来田田如愿考上了理想的高中，3年后又去了心仪的大学，拿到录取通知书的那天，她在朋友圈里这样说道：

在我最低落迷茫的时候，语文老师给我发了一条短信，告诉我这个世界上最幸福的事就是看着自己一点点地变好。这句话就像是一座灯塔，让我在波涛翻滚、泥沙俱下的大海里有了方向。感谢没有放弃我的老师们，更感谢锲而不舍的自己。

看，人的一生就像一场盛大的马拉松。刚出发时，摩肩接踵，人山人海，那时也许我们无法领先，也不够出众。但每个岔路都会有人转弯，每条街区都会有人驻足，只要我们咬紧牙关，不放弃自己，早晚会慢慢、慢慢地追上来。

今年我们办公室调进来一位任课老师，之前因为她课时不多，所以我很少能在学校碰见她。这次我见到她，发现她的变化令人吃惊。大概是3年前，她来到我们学校工作，那时候还曾在校务办坐班。印象里的她特别普通，微胖的身材，暗沉的肤色，平日里的穿着也极为随意，毫无存在感。

再后来，我在食堂里见过她几次，那时正值初夏，她已经换上了清爽的单衣。隐约中觉得她有什么不一样了，可一时又说不出哪里不一样。等到遍地碎花裙的时节谜底才揭晓，她用了大半年的时间健身减肥、学习舞蹈，在最灿烂的季节里展示曼妙的自己。现在的她常常调侃自己的小麦色肌肤，但持续稳定的健身让她的肌肤闪着健康的光泽，即使不那么白皙，也光滑细腻。

瘦下来以后，她又开始学习衣饰搭配。有时是设计感极强的针织衫搭配瘦腿裤，有时是高质感的衬衫携手百褶裙，再加上精心挑选的鞋子和配饰，还有帽子和书包。总之每一天见到她，她都像是从杂志里走出来的模特，既取悦了自己，也让周围人赏心悦目、神清气爽。

后来我们才知道，在健身的过程中她邂逅了自己的另一半，

细想想，我们遇见的人、经历的事，

无一不是服务于我们的成长。

刚刚结婚。对方是个留学英国的帅小伙，欣赏她这种不断打造自我、完善自我的品质。如今她不仅要继续让自己变好，还得负责新婚丈夫的形象设计。

前两天，我们俩交流，她说起和老公一起报了徒步旅行团，要用脚去丈量每一寸抵达的土地，眉眼间再也不是那个刚参加工作的怯生生的小女孩了。她自信地爱自己，爱别人，从没有一刻把自己的人生摊手交付给所谓的命运。

她说，无数个跑步的夜晚，无数个窗前做平板支撑的时刻，汗水和泪水一起落地，她怀疑过努力的意义，也质疑过自律的动机，但当她看到自己日益清晰的马甲线，看到慢慢变得玲珑有致的身材，看到镜子里逐渐挺拔、逐渐自信的自己时，她就明白了，自己奋斗的最大意义就是夺回命运拿走的尊严和自信。

生而为人，我们的生命都被公平地赋予了一定的时长，而且大部分人的生命长度都差不多。可每个人对这段时光的掌控与规划却千差万别。无论是被称为“持续学习机器”的“股神”巴菲特，还是“人生永远没有太晚的开始”的摩西奶奶，都用自己的故事千百次地告诉我们，只有不断地努力，不断地将触角伸入各种领域，不断地从这个世上找到新鲜养分的人，才能生活得最丰盈、最有意义。

细想想，我们遇见的人、经历的事，无一不是服务于我们的成长。世界正在奖励那些坚持不懈的人，心仪的学校、高薪的工作、出色的伴侣、傲人的身材，都是伴随着我们奋斗的脚步而来的奖赏。也许上帝会给我们许多无私的馈赠，但慢慢变好一定是我们给自己最好的礼物。

你没有理由
不努力

文／韩大茄

上周，看到设计院提供给我们的新项目人员名单后，我们就已经在考虑要跟他们中止合作了。因为我们觉得，他们实在太没有诚意了！

这个项目是我公司今年的重点项目，投资额大，还具有重大的战略意义。我方也曾多次向设计院释放这些信息，然而他们给我方配备的设计总监竟是一个毕业才两年的毛头小子，个人业绩相当普通，在业界没有一点儿名气。一个如此重要的项目交给他去负责，这是在搞笑吗？

为了能有理有据地解除合约，公司领导派人去调查了这个设计总监，希望能找到一点儿把柄。我们了解后发现，尽管他进设计院只有两年，学历也一般，但职业发展却像坐上了直升机，一路升职，直到总监位置。按资质来说，刚好也符合我方在合同中提出的要求，一点儿刺也挑不出来。

看完调查结果后，主管淡淡地说："看来这小子是有点儿关系的，那我们就在汇报会上见真章了。"主管说完看了我一眼，我们相视一笑。

在公司待了那么久，我已经变得嗅觉灵敏，能轻易地读懂领导的弦外之音。既然设计院要弄个毛头小子来玩我们，那我们就不客气，来测测他的水平，挑挑他的毛病，到时候再以"能力不符合项目的发展要求"淘汰掉他就行了。

回家之后，我仔细地研读了新项目的相关资料，把几个核心问题都记了下来，准备用来"狙击"设计院新来的总监。

终于，我们等来了新项目的设计方案讨论会。在大家稀稀拉拉的掌声中，新任总监走上讲台，向我方汇报他的设计方案。

他用50多页的PPT向我们阐述了他的设计理念和构想。他的PPT简洁有力，配图生动，文字优美，一改工程行业普遍的"只重技术、不重美学”风气。他结合前期可行性研究报告，对项目周边情况进行了详尽的调查，并结合行业的发展趋势以及未来的政策导向，找到了最符合市场需求的建筑形态。关键是，从经济的角度分析，依然是无可挑剔的。

仅用了短短一周的时间，他就能提供如此质量上乘的方案，可见他背后付出了多少努力！

最棒的是，他的方案还完美地规避了我们的新项目即将面对的几个核心问题。所以，在他汇报完毕后，全程都在神游的主管，不紧不慢地拿着我事先拟好的几个核心问题来质问他时，引起了大家的窃笑。明明这些问题已经在方案中得到了解决。

看到他自信满满、才华横溢的样子，我突然发觉自己很丑陋！

在不了解真相的时候，我仅凭年龄、工作年限等简单的细节，就武断地否决了一个人的能力。在查明了情况后，我依然不相信事实，认为一个人取得超出同龄人的成绩，必须依靠的是“关系”这种非正常途径，而不是个人的努力。

是从什么时候开始，我们竟然已经不再相信个人的努力了！我们自己在工作上按部就班，每天喝茶、上网、开会，琢磨着如何和上面搞好关系，习惯了察言观色，相信人脉，却不再相信别人的努力。

可笑的是，我只是简单突击了解了一下项目状况，就试图用这些一知半解的问题去打击他，嘲笑他，让他知难而退。

我想起自己刚毕业的时候，也曾意气风发，想要一展抱负。复试的时候，面试官问了我很多专业问题，我都对答如流，让一同参加面试的同学艳羡不已。

那时候，我为了获得这份工作，在图书馆里泡了整整两个月，恶补每一个可能会被问到的知识点。为了稳妥起见，我还上网查阅了许多相关企业的资料，充分了解目标岗位的需求，甚至连其竞争对手的情况和整个行业的发展趋势都恶补了一番。

所以，在复试的时候，我才能从容不迫地回答面试官的提问，并获得大家的一致赞许。

然而，当面试结果出来之后，我发现我并没有被录取。这让我觉得不可思议。我还打电话向公司确认了，对方委婉地告诉我，我可能暂时不太符合他们公司的发展需求。

一同面试的同学告诉我，要淡定，别挣扎了！进入社会后，很多东西跟学校里不一样了。人家并不需要真才实学，有关系最重要。你记得那天那个穿蓝衬衣的男生吗？别看他话说不清楚，自我介绍都讲得结结巴巴的，但是他被录取了，据说他是那个公司的一个大领导的侄子……

那天，同学跟我讲了很多。他一边玩着游戏，一边告诉我事情的“真相”。听完这些，我感觉身体在发凉。

曾经坚持的价值观在崩塌、下坠。既然努力无用，那还拼搏个什么劲？

后来，我就放弃追逐那些行业的名企，凭着学历进了现在这个公司，每天朝九晚五，过着安逸的日子。闲暇时间，我都和公司的一些同事一起耗在棋牌室里。

有一天，我们在牌桌上聊天，不经意地聊起那家公司。一个新同事说他曾经在那里上过班，我也讲了曾经被淘汰的经历。新同事听我说完后，告诉我：“你毕业的那一年，公司录取了一个特牛的毕业生，他在学校的时候就拿过国家科技进步奖。进公司一年多就当上了公司的技术部经理，就是人不太爱讲话……”

他这么一说让我心里不禁“咯噔”一下。后来我们细聊后才发现，他说的那个新同事，就是我同学口中的“关系户”。尽管

不要轻信他人口中的“现实”，

现实其实并没有他们说的那么糟。

他面试时表达能力不好，但肚子里满满的都是干货啊。

我知道真相后，感慨颇多。然而，第二天一觉睡醒后，我仍继续该吃吃，该喝喝，不到30岁的人，过着60岁的生活。

直到这一次，我看到设计院新总监的表现后，整个人才瞬间惊醒：什么时候我已经变成自己曾经最讨厌的样子了！我已经放弃了努力的念头，任由生活锤击自己，像一株没有生命力的植物，躺在地上，等待腐烂。

曾经有人告诉我，生活险恶，别挣扎了，安于现状，能享受一天是一天。可是当我看到别人通过努力成为更好的自己后，我才发现我内心的火并没有熄灭。我没有理由不相信努力。因为只有努力，生活才有希望。

人生像一头大象，我们都是摸象者。有的人摸到了象粪，闻了闻，就觉得前方是臭的，社会是黑的，没有关系是不行的，于是放弃了前进，而且还怂恿别人尽快止步。可是有的人明明只摸到了象腿，却不忘初心，坚持攀登，终于爬上了象背，驾驭了人生。

大家都是盲人摸象，没有人能看透人生。生活总有不如意的地方，规则也会有漏洞，他们可能刚巧看到了这一点。但那不是社会的常态，更不是你放弃努力的借口。梦想在你的脚下。不要轻信他人口中的“现实”，现实其实并没有他们说的那么糟。

曾经的缺憾，会影响我们一生

文／雾满拦江

1

人生，应该是快乐的。

但有些人，却时常愁眉不展。

为什么呢?

西方有个心理学流派，被称为完形心理学。此派人士认为，你之所以不快乐，是因为被过去的缺憾牢牢攫住了。

2

完形心理学有个著名的实验。

在一张白纸上，画个圆。但这个圆，还没有完全画完，圆弧之间，还差一点点没有连接上。看到这幅画面的实验者，就会东找西翻，一定要找到一支笔，把没有连上的圆弧连上，构成一个完整的圆——否则，实验者就会心神不定，总觉得什么地方好像不对。

实验第二步，研究人员带来一只大猩猩，让大猩猩看这个未连接起来的圆——令人惊奇的是，大猩猩的行为，几乎和人类一样，非要把这个圆连接完整了。而且在连接过程中，无论是人类还是大猩猩，都努力让自己画上去的连接线，与圆本身浑然一体。

比人类本身更古老的天性，有着非要把事情做完、让需求完全满足的倾向。如果这个倾向不能被满足，就会构成心理上的缺憾，会让许多人深陷过去，难以前行。

3

韩国女孩金敏珍，5岁时显露出过人的音乐天才，7岁时成为国际音乐学院最小的学生，11岁时，夺得国际音乐大赛冠军，成为知名的音乐神童。

13岁，金敏珍加入柏林德意志交响乐团。

16岁，她成为英国皇家音乐学院奖学金最年轻的得主。

未满20岁，她成为全世界最顶尖的小提琴演奏家。

她的人生，只有两个字：成功!

可是好景不长，不久就发生了一件在普通人看来微小平常的小事，把这位年轻的天才，卷入命运的谷底。

4

21岁那年，金敏珍用她所有的收入，购置了一把价值连城的极品小提琴。此后，她携带这把名琴登台，配以自己超一流的演奏技巧，让美丽的乐声自指下淌出，如此人生，堪称完美。

可万万没想到，在一次演奏的路上，金敏珍的名琴竟然被小偷盗走。这仿佛偷走了金敏珍的心。她崩溃了，再也无法登台，

西方有个心理学流派，被称为完形心理学。

此派人士认为，你之所以不快乐，是因为被过去的缺憾牢牢攥住了。

无法演出，甚至害怕听到音乐。此前让她迷醉的乐声，现在听起来却如搅拌机发出的声音一样刺耳。

她也因此失去了爱情，甚至开始怀疑人生。

为了让她恢复过来，父母鼓励她再买一把小提琴，重新开始。

于是金敏珍向保险公司申请领取保险金。保险公司答应了，但条件是，如果这把小提琴找到，就归保险公司。

丢失的小提琴，3年来仍未找回，似乎以后也不太可能——金敏珍就答应了。

可万万没想到，当金敏珍用那笔小小的保险金买了一把普通小提琴进行训练时，突然听到一个晴天霹雳般的消息：

丢失的昂贵的小提琴，被警方找回来了。按此前的约定，这把小提琴被保险公司卖给了别人。

5

命运无常，造化弄人。

金敏珍日夜思念失去的小提琴，陷入无休止的懊悔之中，终日以泪洗面，再也未能恢复过来。

曾经誉满天下的音乐神童，就这样悲哀地陨落了。

6

曾经的缺憾，会影响我们一生。

金敏珍并非独一无二的特例。

许多不快乐的人，心里都有个金敏珍。

有个很有名的心理学案例，一位成年男子向心理咨询师倾述，说他幼年之时，最渴望的就是吃到老虎头形状的饼干。可是父母不喜欢这种饼干，只给他买草莓形状的，这导致他成年之后，每次想起这件事儿，仍是锥心之痛，无法释怀。

无法释怀，如何解决？

心理咨询师建议，让他的父母买几块老虎头形状的饼干给他。

当成年男子的父母颤巍巍地把饼干送来时，男子却抓狂了，抓起饼干丢得远远的，大声喊道："这不是当年的那块，不是！"

确实不是。

可这事怎么办呢？

7

有个中国女孩，就读于弗吉尼亚大学，导师是世界上最优秀的竖琴家——卡洛斯·萨尔则多。

几年之后，她以最优秀的毕业生身份，在毕业典礼上演奏竖琴。

我没有理由不相信努力.

因为只有努力, 生活才有希望.

竖琴演奏，要用脚来踩踏板，左边三个，右边四个。演奏时不可以出一点点错，稍有失误，就会演变成一场灾难。

但是当她演奏时，却发生了失误。

哧，踩错了踏板。怎么办？当时，她的大脑一片空白。

还能怎么办？重新来过呗。

平心静气，重新来过……哧，惨了，又踩错了。

没办法，她闭上眼睛，驱除杂念，然后微笑面对师生，再一次重新开始。

哧……又错了。

她真的很想砸了竖琴。

但不可以，毕竟所有的学生、来宾及校长，都在台下看着她呢。

8

女孩再次闭上眼睛，让大脑进入空灵状态，不再想刚才的失误，也不想什么竖琴。

她睁开眼睛，重新开始。

终于成功了。

第四次演奏虽然成功了，但是台下，只有几声礼节性的掌声。

最优秀的学生，好像不应该是这样。

她起身，向大家鞠躬，心里充斥着巨大的痛苦、羞愧与自责。

此后很长一段时间，这种针扎一样的痛苦，死死地攫住她，让她痛不欲生，甚至不敢想到“竖琴”两个字。

但是她知道，如果任由这种痛苦不断地折磨自己，就很有可能毁掉自己。

必须振作起来，直面内心最深处的恐惧。

9

半个月后，女孩又一次在公开的演奏会上，重新弹奏了那支曾失误三次的曲子。

虽然成功了，但她的心脏怦怦狂跳，仿佛刚刚经历了一场生死劫难，从死神的手中拼力逃出一般。

这就意味着，内心的恐惧仍然存在，仍然很强大——随时都会卷土重来。那就继续迎战。

就这样，她一次又一次地在公开演奏会上弹奏这支曲子，从未再出现过错误。慢慢地，她把毕业典礼上的尴尬彻底忘记了，终于恢复信心，有了笑容。

但是，每当有学生演奏失误，流露出慌乱而恐惧的表情时，她立即就知道，曾经发生在自己身上的缺憾，此时又出现在学生的心里。

她就把自己的这段经历，讲给陷入恐慌之中的孩子听。

她说：战胜恐惧的唯一办法，就是直面它，击败它！

每一次挑战过后，心里的恐惧都会变小。

10

没有人能够逃开心灵中的缺憾。

你必须直面它，以无畏的勇气，勇敢地战胜它。

每一次挑战过后，心里的恐惧都会变小。终有一天，当我们的勇敢挑战足够多，心中的恐惧就会化为无形，那时候我们就会找到真正的自己，不怨天，不尤人，言无憾，行无悔，从内心深处，绽放出灿烂而自信的笑容。

唯有努力，不负光阴

文／李月亮

1

凌晨4点，同学群里，大灰发了一张灰头土脸的自拍，背景是黑蒙蒙的天和他的大卡车。

在我们都睡得天昏地暗时，他已经上路了，拉着一大车羊毛，带着一壶热水、几盒方便面，奔赴上海。

几小时后，有同学给他点赞，说：大灰太能干了。

他回：奋斗嘛。以前傻，不知道好好学习，现在要是再不好好干活，一家老小喝西北风啊。

特别实在的大实话。

我看着，有点儿唏嘘。

这个风尘满面的中年男人，当年可是我们班的风云人物，班长，长得帅，特别聪明，是不怎么用功成绩就能拔尖的那种人。

可惜往往越是一学就会的人，越不爱学习。

最初，大灰的姑姑是我们的校长，盯得紧，他还比较认真，基本保持在前几名。偶尔贪玩掉下来，被姑姑拎着骂着，就又上去了。

后来姑姑调走，他就撒了野，经常逃课玩游戏。有一次，他把书包都丢了，上课时，只能借同桌的课本充样子。

高中毕业，他勉勉强强地上了专科，据说也是打了3年游戏，差点儿没拿到毕业证。

工作后，大灰又混了几年，换了不少工作，都吊儿郎当干不长。

直到结婚，在老婆的督促下，他才走回正轨。刚开始，夫妻一起给别人打工，慢慢有了点儿积蓄，就买了一辆车，跑长途送货，虽然很辛苦，但日子越来越好。

我昨天跟我妈说：“大灰变了，特别能干，听说准备买楼呢。”

我妈说：“早这样多好，以这孩子的智商和能力，早点儿奋斗，现在别墅都得好几栋了。”

2

我妈说得对。现实明摆着：很多天资远远不如大灰的同学，现在都过得比他好。

有个女同学，读书时成绩平平，不大说话，副科老师都不记得教过她。

她现在也很少说话，因为太忙，一年难得在同学群里露几回脸。但我们都知道，她是重量级的存在——我们同学中唯一的博士，现在已经是气候专家了，常年在世界各地讲课、调研、参加国际会议。

上次她回来，我们聚了一下。班主任老师挺欣慰的，称赞她出色，是老师、同学和学校的骄傲。

她笑道：“您知道我没什么天分，全靠死用功，当年考博士的时候，每天学习到夜里1点，早上5点又起床，去附近的公园，看一小时书，跑两圈，再看一小时，再跑两圈。我老公一直叫我‘鸡血姐’。”

其实，她到现在也常常忙得吃不上饭，和大灰一样，不时地拿方便面凑合。

只是同样吃着方便面到处跑，人生可大不相同——过着完全不同的生活，有着完全不同的视野，提供完全不同的价值，获得完全不同的回报。

虽说开货车的大灰也是靠劳动吃饭，也不丢人，但如果他能早点儿发力，必然能创造更大的价值，有更辉煌的人生。

3

人的成长其实是有时间表的，就像植物，春种、夏长、秋收、冬藏，什么季节该干什么事，都有定数。

春天是该播种的时节，你拖到夏天才行动，虽然也辛苦付出了，但秋天的收成肯定不会太好，冬天就可能吃不饱。

人年轻时，记忆力、学习力、好奇心、想象力都在顶峰，是学习能力最强的时期，大部分人的技能，都是在30岁以前

世界是金字塔型的，越往下，

人越多，竞争越激烈，奋斗越艰苦。

完成的。到30岁以后，基本就是打磨和运用了。如果在这之前没有很好的储备，你的东西就不够用，就很难站上更高更广的平台。

而世界是金字塔型的，越往下，人越多，竞争越激烈，奋斗越艰苦。就像大灰，如果早早努力，掌握足够的专业技能，坚持不懈地拓展，很可能现在也是顶尖的人才，“老师、同学和学校的骄傲”就是他。但他错过了最好的时光，没有很好的学识、技能储备，就只能去做对专业技能要求更低的工作，而这些事，有大把人在做，你只能更卖力，更用心，才能有点儿小成绩。

同样是付出，同样是奋斗，在合适的时候去做，事半功倍，一旦错过了最佳时机，就要付出更多辛苦，结果还未必如愿。

4

我们也常看到另一些励志的榜样。

摩西奶奶76岁开始画画，80岁举办个人画展。

肯德基爷爷哈兰·山德士62岁才开了第一家肯德基餐厅。

特朗普70岁才当上总统。

……

总有很多故事告诉我们，人生什么时候开始都不晚。

但是，请一定注意：摩西奶奶有极高的绘画天分；肯德基爷爷在开肯德基之前已经研究了炸鸡很多年；特朗普还不是总统的时候，已经是相当成功的富豪。

大器晚成的人，绝大部分都有天分、运气、积淀的底色，而这些，往往可遇不可求。

对大多数人来说：

第一，我们未必有摩西奶奶的天分。如果有，早点儿努力，早点儿发挥，岂不更好?

第二，若前期没有努力积淀，机遇来时，可能根本就抓不住。

第三，这世界不但看脸，也看年纪。比如一个单位的领导，往往更喜欢栽培年纪轻轻的员工，因为更有潜力，更有培养价值。

大器晚成其实是小概率事件。在摩西奶奶、肯德基爷爷、特朗普的奇迹之外，更多的是庸碌、辛苦一生，最终郁郁不得志，哀叹“少壮不努力，老大徒伤悲”的普通人。

所谓“人生什么时候开始都不晚”，其实是说给那些从未真正努力，又想发挥自己价值、追求美好人生的人听的。

确实，如果你的内心有渴望有动力，那么60岁去奋斗也未尝不可。毕竟只要开始就有机会，而现在是余生中最好的时机。

但是，60岁开始也不晚，不等于60岁开始是最好。

如果早一点儿意识到努力奋斗的重要，在20岁甚至更早时就开始，踩准每一个向上的节点，去攀爬，去拓展，你的付出必将获得更大回报。

不必强求自己一定在什么时间，达到什么高度，毕竟每个人的特质不同，成长速度不同，就像白菜和樱桃的成熟期不一样，不能用同样的标准要求。但是，若想获得最好的收成，无论是谁，都该在最好的春光里，努力汲取阳光和水分，扎根发芽，拼命生长。

春天偷的懒，秋天真的很难还。

不要让明天辛苦奔波的你，怪罪今天虚度时光的自己。

在有限的青春里实现一辈子难忘的梦想，

用脚步丈量世界的尽头，用眼睛感受那些不可言说的美丽。

没有一份工作是轻松的，
但你可以找个自己喜欢的工作

文／桃啃笙

1

我认识个妹子，她是个旅行达人。

她大学期间玩遍整个中国，去年又跑去澳大利亚了。

我没听她说过有留学计划，在她微博里看到“澳大利亚”4个字还挺吃惊，往下一拉才发现她申请的是为期一年的打工签证。而且有了澳大利亚的签证，申请其他国家的签证也很容易。

那天，我刷她的微博一直到凌晨两点，羡慕不已。

很久之前，她就说过，“想要成为猫力那样的姑娘”，在有限的青春里实现一辈子难忘的梦想，用脚步丈量世界的尽头，用眼睛感受那些不可言说的美丽。

于是她从大一开始就利用每个寒暑假到处旅行，和我这种定点玩的人不同，她的旅行都是长线，从一个起点出发，沿途玩起，直到兜里的钱花光，再踏上返程。

她用故事性极强的照片，灵动的文字，记录下旅行途中一件件诙谐的小事。在她的世界里，旅途的终点在哪里不重要，重要的是沿途收获的风景与感受。

看她在四川掏耳朵，在茶馆里打了一下午麻将，看她说自己把兜里所有的钱凑在一起，都吃不起一顿火锅，只好买了两袋桥头牌火锅底料，出门看见乞丐，还把找零的钱放进他的碗里。看她在尼泊尔支教，给孤儿院的小孩子洗澡，在即将离开的前一天站在悬崖边上等风来。

在她笔下，世间的一切都变得生动有趣。即使人生不如意十之八九，她也能换个角度，把低落看作欢喜。

她的一条微博中写道，在白人家庭给人打扫房间，对方的房子特别大，打扫完已经累得她浑身酸痛，好在对方的小费很是慷慨。她把赚来的钱展开，迎着夕阳拍了一张照片，憧憬着攒够了钱，就可以开始下一站旅程。

她字里行间透露出的生活不算轻松，但她面对镜头的笑容始终那么灿烂。

人生本就不能事事尽如人意，那些能够遵从自己的意愿生活的人，已经是少有的幸运，所以再苦再累也心甘情愿，无怨无悔。

2

我会每天早上给自己列一张待完成的清单，然后按照上面的事项一条一条做下来，一天也就倏忽而过了。

有时，我工作得太累，就换换脑子在群里冒个头，大家都会惊讶：“哎，你怎么还没睡？”

我说：“还没做完工作呀。”

朋友感慨：“天啊，我要是每天都工作到你这个点，肯定二话不说，果断找老板辞职了。”

我想想，自己似乎从未萌生过辞职的念头。

我的上一份工作也不轻松，那时的工作时长倒是不比现在，但压力却是现在的几倍，那是一种身心俱疲的感觉，工作纷至沓来，在案头堆叠出一座通天巨塔，重重地压在心头。那时，我是事务所的菜鸟，技术不精，专业不过关，一张表格要处理半天，还得不时地请教领导，忍受对方的奚落。那段时间，我工作做了不少，但内心只有挫败，全然没有满足感。

你知道每个人在付出之后都希望有所收获，那些只有投入没有回报的工作，只会掏空你的热情和信心，加深你的挫败感。

所以我辞职了，找到一份更加得心应手的工作。

我辞职的时候，爸妈问我："你大学读了四年财务，毕业后却去做传媒，你有没有考虑过，这个决定会让你大学四年的所有努力付诸东流？你可以在做财务的同时写作，却没有办法在写作的同时做财务，所以这个选择真的明智吗？"

说真的，要不要转行这个问题几乎困扰了我一年。爸妈问的问题，我也早就反复问过自己几百次，这样值得吗？甚至在做出转行决定的那一刻，我都无法完全说服自己。

但现在我来深圳半年了，有这半年做底气，我终于可以笃定地回答这个问题："值得，因为在这份工作中，我获得了无与伦比的满足感。”

这份工作同样不轻松，我像是不断攀登高峰的旅人，上山的过程劳累且艰难，甚至一个不慎还会摔下山峰，从头再来。但我喜欢这样不断挑战自己的过程，拿下一个很艰难的文案，我会开心地在电脑前跳起来。一天写完三篇稿子，我会觉得自己很厉害。

有一次线下活动，一个读者特意坐了35个小时的火车从黑龙江赶来，他说在自己最消沉的日子里，丢掉工作，被提出分手，父亲去世，他觉得自己的人生一团糟，甚至想过轻生。但那天他在朋友圈看到别人分享了我的一篇文章，他忽然觉得不是只有他的生活是艰难模式，每个人的生活都有不如意的一面，但坚持下来，总会穿过黑暗，雨过天晴。

过去的我只把这份工作当成谋生的工具，但那次活动后，我觉得自己还是能够做成一点儿事情的。即使我只是一个普通人，也能够用自己的一点点善良和坚持，为一些迷茫中的人指路。而那些回应，亦是我的价值所在。

我记得有一年和朋友去爬泰山，到山顶时已经精疲力竭，山上又湿又冷，我们裹着军大衣瑟瑟发抖，却在第一缕阳光刺破云

既然没有一份工作是轻松的，那么至少找一份你喜欢的工作。

层时，发自心底地感动。苦尽甘来，收获的是无尽风光。

能够做自己喜欢的事，愿意在工作中不断地挑战自我，能够通过文字将我的善意和温暖传递给他人，我觉得自己是幸运的。所以哪怕工作再忙再辛苦，我也不知疲惫。

3

既然没有一份工作是轻松的，那么至少找一份你喜欢的工作。

我爸妈总替我惋惜浪费了大学四年所学的知识，但我觉得不亏。

我的数学很差，高考后却被随便填的财务专业录取。许多人觉得我占了大便宜，财务专业是全校录取分数线最高的专业，而我又是第一志愿录取，堪称顺风顺水。只有我知道让数学不好的人学财务多么痛苦，我大学的空闲时间几乎一直在自习室的椅子上度过，怕自己毕业找不到工作，又自考了银行和证券的从业证书。

毕业找工作时，班里几乎一半的人都报了银行，我是唯一拿到银行从业资格证的人，却一家银行都没报。那时我隐约知道自己想要什么，于是就不在其他地方浪费时间。

同学也替我惋惜，考了两年的证书，拿到手却不去工作。可我没觉得这是损失，至少那些知识都被我学进了脑子里，至少在大学许多人用看电视剧打发掉的时间，我都在备考。这对我来说，就是收获，而证书不过是努力之外的赠品。

我并不那么喜欢财务，这点已经用四年的大学时光证明，但即使不喜欢我也没有虚度时光，而是尽我所能做到最好。那么我在转行的时候，仍可以挺直腰板地说一句："我全力以赴过。"

而这四年积累的专业素养，不会因转行一键清空，相反，它们拓宽了我的道路。

许多人觉得毕业后，找一份朝九晚五的工作才是正经事，每个人都向往"间隔年"，但很少有人鼓足勇气走出那一步，可我开篇讲的那个朋友，她就做到了。

她也是规规矩矩地读完大学四年，也拿了不少奖学金、荣誉证书，毕业后前途无限。但她却踏上了少有人走的那条路，只为实现她心中的梦想。我打心眼儿里崇拜她，羡慕她。

这是个功利的社会，但仍然有人能在功利思想的影响下，坚持自己纯粹的初心。不盲从、不怯步，不妄自菲薄，也不盲目自大，而是清楚地明白自己想要的，并为之坚持和奋斗，这是难能可贵的品质，也因为这点坚持，使我们变得更好。

所以每当有人问我如何在工作中汲取满足和快乐时，我都会告诉他们，先不要去问薪水怎样，而是聆听内心深处的声音。

“你真的喜欢这份工作吗？”“你为它全力以赴过吗？”“这份工作是否让你感到快乐和满足？”

如果回答是“是的”，那么请你坚持下去，风雨过后终会看见彩虹。

和别人不一样，才配拥有快意人生

文 / 谷润良

1

过几天，我外甥女要去市里参加舞蹈比赛。但是学校订制的舞蹈服装价格昂贵，老家的网络又坏掉了，所以姐姐托我在网上选一件。

我满口答应下来，但迟迟选不到合适的。比赛的日子越来越近，姐姐犯愁了。

我劝她，和别人一样交200块，让学校统一订制得了。

姐姐思忖良久说："不，太贵了，200块在老家可不算小数目，舞蹈服就是一次性的东西，平日里也穿不着。"

我笑了，似乎电话那头她能看到一样，拍拍胸口对她说："我花钱，你买单，不就两百块嘛，这就给你打过去。"

姐姐婉拒："不要，你在北京也不容易。"

我刚要回话，却听到外甥女在电话里说："舅舅，你随便买一套好了，和别人不一样，我站在舞台上，才会一眼就被观众看到啊！"

外甥女无意间的一句话，突然击中了我。

我当然知道，学校有学校的传统，比赛有比赛的规定，不能自作主张。但是，放到整个人生里去看，我和别人不一样，正是我身上最闪亮的地方啊。

为什么要怕和别人不一样？

2

我就读的大学是一所师范院校，大部分毕业生都会选择做老师或考公务员。这可以理解，毕竟稳定。

不走寻常路，才配拥有快意人生。

阿川是我的室友。起初，他也和许多人一样选择了考公务员，而且还考上了杭州市的公务员。

在竞争如此激烈的环境下，一所三流院校的毕业生，考取了大城市的公务员，实属不易。阿川来自农村，一时间，光耀门楣。他去单位报到，一大家子都赶来送行，包括70多岁的奶奶。

可是，不到两年，阿川就辞职了。

为什么?

有一天，阿川如常去单位上班。买早点的时候，他发现一家新店在卖转炉烧饼。多少年没吃家乡的美味，儿时的记忆全回来了。阿川一口气吃了5个，吃得热泪盈眶。看着店主夫妻，一个揉面，一个待客，言笑晏晏的样子，阿川当即决定，自己也要开一家这样的店。

阿川说：“你懂我那一刻的感受吗？突然发现原来生活也可以有另一种样子，简简单单，平和安然，做自己喜欢的食物给别人吃，又能以此维生，多么幸福。”

我懂，我当然懂。但是，外界的阻力可想而知。阿川的父亲一度以为儿子疯了，甚至以断绝父子关系相要挟。而母亲，一天打来上百个电话，唯恐他落入传销组织。

一晃3年过去了，阿川已经开了两家烧饼店，雇了6名店员，生意正是红火的时候。

我们总说，要做自己，过自己喜欢的生活。可是，每天都和别人迈着整齐划一的步伐，又如何能活出自己想要的样子？

不走寻常路，才配拥有快意人生。

3

我在出版社实习的时候，采访过一位知名作家。

20世纪80年代中后期，他开始先锋文学的创作，打破公认的规范和传统，不断创造新的艺术形式和风格，引进被忽略的、禁忌的题材，向传统文化的教条和信念发起挑战。一时间，文坛引起轩然大波。评论家口诛笔伐，读者也不买账。

为什么？因为过于新奇的意象，颠覆了传统小说的结构，使得阅读有了障碍，大家读不进去，或读不明白。

他说，那是自己写作历程中最为灰暗的一段日子，如同一个人穿越幽深的隧道，久久看不到光。不仅如此，周遭充斥的全部是冷眼和嘲笑。他每每从噩梦中醒来，梦中的自己，不是被大队伍抛弃了，就是被世界隔绝了，哭啊，喊啊，听到的，只是自己喑哑的回声。

即使如此，他还是坚持了下来，以笔为灯，在先锋文学的羊肠小道上踽踽独行。不久，春风吹来了。越来越多的作家加入了他的“队伍”，而文坛也开始渐渐接纳先锋文学。

如今，先锋文学在文学史上占有重要的地位，很多年轻作家都不同程度地受到了影响。而他，也理所当然地成为先锋文学的代表人物，被世人广泛称誉。

你知道一个人最可怕的心态是什么吗？

从众。

4

你知道一个人最可怕的心态是什么吗？

从众。

念幼儿园，上绘画课，看到别的小朋友把天涂成蓝色，于是，你擦掉自己的红色，跟着涂成蓝色。

读了高中，分文理科，看到大部分人都选了理科，于是，你忍住想读文科的冲动，跟着选了理科。

大学毕业，找工作，看到百分之九十的人都报考了事业单位、公务员，于是，你抑制了创业的冲动，告诉自己那不靠谱，跟着寻找“稳定”的工作。

一个从众的人，是没有前途的。因为他不知道，一个人的特点，往往就是他的优点、他的闪光点。你和别人不一样，才能绽放出属于自己的光芒。

乔布斯如果选择从众，就不会有今天的苹果；周星驰如果从众，就不会有今天的无厘头电影；凡·高如果从众，我们就看不到燃烧的“向日葵”；莫言如果从众，我们就读不到充满血性的《红高粱》……

有首歌唱得好，“当我和世界不一样，那就让我不一样”。

你敢不敢和别人不一样？敢，就在人群中发亮；不敢，就在人群中湮没。

蓝色的天空下，是我们自己把自己叫醒

文／许许如生

1

科比说：“你见过凌晨4点的洛杉矶吗？”

20岁的灵澄说：“我见过每一个凌晨4点的山羊圪堵。”

山羊圪堵是个地名，名字看似有些土，实际上是一个特别安宁的小镇。

灵澄每天都会在凌晨4点起来学习，这几年，她已经习惯了那样的作息。起床看书两个小时之后，她会晨跑半小时，然后开始一天的生活。

15岁时的灵澄，叛逆得像是在云朵里炸开的大爆竹。

那时的她，也经常见到凌晨4点的晨光，只不过那时的凌晨4点，她才开始入睡。

逃课、泡网吧、打游戏、抽烟、喝酒、谈恋爱……好像在那个年龄段，所有刺激的事情她都尝试过。

每天上课睡觉，和老师顶嘴，和父母冷战。这是她的日常生活。

她觉得那就是她绚烂的青春，只有这样轰轰烈烈地度过才能不辜负最好的年纪。

然而她等来的却是残酷的教训。她变得焦躁、易怒、不想与人沟通。她甚至想到了自杀。但是她想了一招：用学习把自己累死。结果这个方式效果确实很好，就是：她不但没有累死，反而越来越喜欢那种不顾一切努力的拼劲。

灵澄觉得自己像是一个“没头脑”和“不高兴”的结合体。

她靠着那股拼劲，考上了她所在地方最好的高中。

从那个时候开始，灵澄就开始了她的逆袭之路，也正是因为那样的逆袭，让灵澄懂得，如果想要变得更好，就得付出更多的努力。

张爱玲在《非走不可的弯路》里说：

在青春的路口，曾经有那么一条小路若隐若现，召唤着我。

母亲拦住我："那条路走不得。"我不信。

"我就是从那条路走过来的，你还有什么不信？"

"既然你能从那条路上走过来，我为什么不能？"

"我不想让你走弯路。"

"但是我喜欢，而且我不怕。"

母亲心疼地看了我好久，然后叹口气："好吧，你这个倔强的孩子，那条路很难走，一路小心。"

上路后，我发现母亲没有骗我，那的确是条弯路，我碰壁，摔跟头，有时碰得头破血流，但我不停地走，终于走过来了。

是的，不亲自尝试，又怎么知道哪一条路是正确的呢？正是因为走过了无数条路，甚至是弯路，才锻造出了我们强大的内心。

2

我们仅有一次的人生，是要活给我们自己看的。

因为怕失败，所以就不去尝试了吗？

在追梦人的心里，

总有一处地方闪耀着光亮，支撑着他们一往无前。

因为怕辛苦，所以就不去付出了吗?

10年前，薛之谦留着现在看来有些非主流的发型，一身嘻哈装，抱着一把吉他参加选秀节目《我型我秀》，从而进入人们的视线，后来他以原创歌曲《认真的雪》一举夺得了中国原创音乐流行榜的内地金曲奖，红遍大街小巷。

可是他遇人不淑，老板跑路，因一纸合同，他被埋没7年。公司连5000块的宣传费也不给他出，眼看就要被颠覆人生的薛之谦就这样渐渐地被人们淡忘。后来薛之谦自己也说，那时候就“像一场弥天大梦”。

数十年如一日，用钱养梦，薛之谦做到了。即使有些狼狈，但更多的人看到了他的梦想与坚持。在追梦人的心里，总有一处地方闪耀着光亮，支撑着他们一往无前。

2016年，当他再一次回归时，却是以段子手的身份爆红，一时成为综艺新宠。很多人看到了他的逗趣、搞怪，却不知道10年间他经历过什么艰辛，又付出过多少努力……

很多事不用问值不值得，只用问，它对你来说，是不是有如珍宝。我们走过的路途，需要慢慢阅览、时时回顾，梦想在我们的血液中狂舞，但更可贵的是不忘初心的坚持。

他在2017年的演唱会上为自己曾经喜欢的人唱了一首《安和桥》。

你好，再见。

为了这多年来的坚持，也为了10年前吹过的牛。

终于有一天，我能够闪闪发光地站在舞台上唱给你们听。

3

我看到的那些人，都在为梦想追逐，背井离乡，在陌生的城市孑然一身地奋斗。

或许你在起早贪黑地工作，或许你为了买房而拼命攒钱，或许你在为了让身边的亲人过得更好而辛苦坚持。

我们现在所走的每一步都会成为我们走下一步路的动力。

我们每前行一步，都不易察觉自己的内心。但是当我们前行到100步的时候，我们会突然感激自己，原来已经默默地走了这么久。

有人说："你相信我们的人生都是被写好的吗？没有长成别人喜欢的样子，没有得到想要的东西，付出却得不到相应的回报。如果命运可以被算出来，我们做什么都无法改变，那么我们为什么还要努力呢？因为努力是为了改变。”

如果一眼就能望到70岁时的样子，那我们的人生还有什么意义？现在付出的每一分，都是我们在积累、建造自己的城池。当你的人生城池不断地强大起来时，我们会看到更远的世界。支撑我们变得越来越好的是我们自己不断努力前进的勇气、智慧和品质。

不要在最好的年纪选择安逸，因为努力过后，你会发现那个真正的自己蕴藏着巨大的能量。

4

你要感谢那个不曾放弃的自己。

万事开头难，然后中间难，最后结尾难。只有行动起来，才能最终感受到行动所带来的力量。

不要觉得你想要的时间都会给你，只有在你努力过后，时间才会把想要的给你。当我们坚持做一件事情时，会打败我们的不是“做不到”，而是“太着急”。健身一周就希望看到效果，爱好坚持不到半年就希望有所收获，喜欢一个人付出半份真心就想要对方倾尽所有情感，刚参加工作一个月就希望得到所有人的认可，刚创业一周就希望马上赚钱……

耐心一点儿，当你觉得努力很孤单的时候，请想想，你身体里有几万亿个细胞为你而活，你还有什么理由停止前行?

我们总是不甘心中途放弃，我们缺的从来不是梦想，而是坚信可以实现梦想的勇气和信心。而恰好，给你信心的绝大动力，来自于你自己。

蓝色的天空下，是我们自己把自己叫醒。

努力真的好累，但我还是愿意试一下

文 / 李清浅

1

在朋友圈看到一句话：努力真的好累。

发这话的是小南。小南原本是我们这边一家电台的音乐节目主持人，也算小有名气。

前段时间，她突然宣布辞职，说要和朋友一起创业。37岁的女人，事业也有了，名气也有了，突然辞职，大家都觉得够疯狂。

小南是名校毕业，当年学的是播音主持，因为基本功扎实，毕业后顺利进入了本地最有名的一家电台。她工作认真勤奋，早

舒服的人生，也往往是“危险”的人生。

因为一旦进入了舒适区，也意味着你停滞不前。

早就成了台柱子，不但拿奖拿到手软，在业内也算大咖了。她的自媒体平台做得很棒，突然跑去创业的确需要勇气。

从零开始后，小南才发现创业并不是那么简单的事情。以前给别人打工，只要不出大的差错，到了规定时间，自有老板给你发工资。现在则变成了好几个人等着你来发工资，小南和合伙人必须去拉生意、谈业务，变得非常忙碌。

以前小南在朋友圈发的状态都是闲情雅事，现在好几天都不见她发一条朋友圈。

晕头转向地忙了两个月，她算是平稳起步了。小南说这是她的人生中第一次没有上下班的概念，没有休息日和工作日之分。我猜，大概是最近太累、太拼了，所以她才会发出“努力真的好累”这样的感慨吧。

我原想安慰她几句，却发现小南的那条状态是“折叠式”的，下边还隐藏着一句话：但我还是愿意试一下。

我不由得会心一笑，这才是我认识的小南。

虽然很累很辛苦，却还是不肯放弃努力的小南。

2

不知道从哪天开始，有一股所谓的反鸡汤势力，反感“努力啊”“自律啊”之类的观点，还说你们那么努力那么自律，到底累不累啊?

我不知道别人是怎样的，反正我的脑子里如果没有努力这根弦在那儿绷着，我不会一大早起床，边做早餐边听英文演讲；也不会晚上在小朋友入睡后，悄悄起身打开电脑码字；更不会在夜深人静的时候，读小说，研究写作方法。

如果不努力，我会是什么样的呢？我会早上9点多才起床，闲下来就坐在电脑前看电视，追剧追到凌晨两三点。

一个强迫自己努力的人和一个放弃努力的人，过的是完全不同的生活。两种生活我都曾体验过，相比而言，努力的确要累得多、辛苦得多。人毕竟是贪图安逸的动物，谁不愿意舒舒服服，到家就葛优躺，边看电视，边啃鸡爪子呢?

可是，很多时候，舒服的人生，也往往是“危险”的人生。因为一旦进入了舒适区，也就意味着你将停滞不前。

最可怕的，不是你不努力，而是比你聪明的人在努力，比你美的人在努力，比你起点高的人在努力。更加可怕的是，比你聪明、比你美、比你起点高的人依然在努力。

电视剧《欢乐颂》里的曲筱绡，是一个争议颇多的人物。但是你不得不承认，这个姑娘虽然没有好好上学，创业后却一直很用心。大过年的，所有人都在放假，她却跑去国外谈生意。对方要求看样品，她便给王柏川打电话，让他帮忙提供样品。王柏川表示大家都在放假，她就用自己的行动给柏川兄上了一课："王大哥，我家这么有钱，我最有资格混吃等死，我照样拉着行李满世界找生意。"

的确，作为富二代，曲筱绡是有混吃等死的资格的，可她偏要靠努力打拼出一份事业。剧中有很多她勤奋工作的镜头：经常半夜还在看资料，即使在约会时，有工作也会回办公室处理，甚至穿着蓝色工作服亲自跑去仓库过问把关。

有资本，又努力，这种人，她不成功谁成功?

3

我曾看过一段非常鼓舞人心的话："虽然有时候努力也不一

定有用，但是不努力却只会越来越糟。”对此我深表赞同。

我认识一个创业型老板。他说自己一年四季很少在9点前下班，他最不喜欢的是拖延，从来是“今日事，今日毕”。9点以前很少下班是因为他永远能给自己找到事情做。

的确，很多时候，我们只看到别人光鲜亮丽的一面，却不知道人家私底下有多努力。

最近我看到了一则感人的泰国广告。

一个小男孩儿非常喜欢踢足球，可是他的基础不太好，连头球都不会。妈妈鼓励他，“教练说你已经很努力了，你只需要再努力一点点，就会做得更好”。

于是小家伙只要有时间，就拼命练习。虽然一开始并不是很理想，可他从不放弃，一次一次跳起来，用头去顶那只足球。最后，在关键时候，他成功地把球顶进了对方球门。

妈妈鼓励他的话让人印象深刻：“你只要努力超过你前边的那个人就可以了，再努力一点点儿。”

你不必拼尽全力，你只需要再努力一点点儿，因为努力的人，从不会被这个世界亏待。

我曾经看过作家红娘子自述写作历程的文章，其中有这么一段，我感觉非常励志：

你打游戏的时候，我在写作。

你谈恋爱、轧马路的时候，我在写作。

你在商场购物的时候，我在写作。

你在QQ群里聊得火热的时候，我在写作。

你在哭泣命运不公平的时候，我在写作。

你在旅行的时候，我在写作。

你在不停地尝试新工作的时候，我在写作。

你在为了人际关系而不停地苦恼时，我在写作。

这句话让我想起了鲁迅先生说的“哪里是什么天才，我只不过把别人喝咖啡的时间用在了写作上。”难怪有人说，以大多数人的努力程度，根本还不到拼天赋的份上。

可能有人会反驳，不要忽略了天赋的作用。当然不能忽略，可是对于我们普通人来说，没有天赋，不应该更加努力吗？努力很累，但是，却让你充实、无悔。你都没有努力付出，没有认真去做，又有什么资格抱怨自己不够幸运呢？

幸运，总是光顾那些特别努力的人啊。

被时光和经历洗礼过后的我们，

即使走遍千山万水，单枪匹马也可以应付生命中的那些难题。

一个人的力量，也是无穷的

文 / 小北

“曾经的我们，会因为一点儿鸡毛蒜皮的小事就多愁善感，会因为一个人的离开就撕心裂肺，会因为想要的东西得不到就歇斯底里。而后来，被时光和经历洗礼过后的我们，即使走遍千山万水，单枪匹马也可以应付生命中的那些难题。”

1

原来一个人的力量，也是无穷的。而漫长的人生中，注定有些路只能一个人走。

这不是孤独，而是选择。

或许曾经的自己还没有成熟，每当别人误会了我，我总想着扯着她的手向她解释一番，不到黄河心不死，因为怕被误会，怕丢失了这个朋友；或许曾经的自己害怕孤独，无论吃饭逛街都一定要找个人陪，甚至上厕所都要组一个团；或许曾经的自己也害怕一个人，狐朋狗友乱组一团，夜夜笙歌，可当静下来的时候总感到心里空空的，很不是滋味。

但渐渐长大了，才发现，并不是所有的人都能够陪你走到最后。

而大多数人，也只不过是过客，匆匆地陪你走过一程，然后跟你说再见。这时候，你才发现有些路，只能一个人走。认识的时候真心相待，离别的时候衷心告别。我想或许，这就是人与人在交往中最好的状态吧。

记得还没上大学的时候，同学之间无论做什么事都是三三两两结伴。一起去打饭，一起到图书馆自习，甚至连回宿舍也要约好一起走的时间。那时候的自己，很害怕一个人，好像一个人在饭堂吃饭就像被孤立的怪兽般，一个人在校园里走着会接受别人眼光“歧视的洗礼”。

孰不知，这一切都是你的心理在作怪，是你害怕那种孤独感带来的巨大落差吧。

2

直到后来我上了大学，即使是同一个宿舍的朋友，可能上的课也都不同。从一开始几位朋友的组队，到后来都是各自行动，好像每个人都有自己的圈子，有着自己想要忙的事情，没有谁能够真正跟你同步。

所以渐渐地学会一个人吃饭，一个人学习，一个人参加校园里的活动。有时候幸运的话，会有朋友跟你同步。

只有你自己，永远陪着自己默默地走下去。

的确，一开始很不习惯，那种被孤独笼罩的感觉好像一艘船失去了船舵般，突然不知道该向哪个方向走。屋漏偏逢连夜雨，那时候我相恋了3年的男友出轨了，选择了离开。与此同时，因为跟好朋友不在同一个地方读书，朋友与朋友之间也开始渐行渐远了。原以为友谊是最坚实的后盾，最后还是无意间崩塌了。

原来，没有谁是能够永远依赖的。

只有你自己，永远陪着自己默默地走下去。

在这段一个人的时光里，虽然陪我走的人越来越少了，但现实的残酷却让我拥有了独自出发的决心和勇气。那段时间，我不断地独自积累力量，该玩的时候尽情玩，该看书的时候认真看书，鼓起勇气来一场一个人的旅行，有着自己的小兴趣，学会用各种爱好填充自己的生活。

回过头看这段日子，其实孤独也没什么大不了，有些路也只能你一个人走。

当你的内心足够充盈的时候，

便有力量去解决孤独带来的空虚。

当你懂得了这些一个人的乐趣时，会发现，有时候一个人的充实，总比一班人的狂欢，心里来得更加踏实些。

3

其实，我们的生活就是不断地捡起又舍弃的过程，无论是朋友还是你拥有的东西，都不能边走边放在自己的口袋里，否则会让你的路越来越艰辛。

那些只索取不付出的朋友，那位对你爱搭不理的恋人，如果努力争取过也无法换得真心，那么就勇敢一点儿丢下吧，然后轻装上阵，一个人又怎样？

当你的内心足够充盈的时候，便有力量去解决孤独带来的空虚。

每个人到了一定的年纪，总会有些难过的经历，也有些沉在心底里无法磨灭的痛。但恰恰就是这些难过，让你成为更坚强的自己，开始认清生活的真相，懂得自己给自己快乐的时候，才无法让别人轻易地抢走。

4

我很喜欢尼采的一句话：

“你今天是一个孤独的怪人，你离群索居，总有一天你会成为一个民族。”

的确，当一个人懂得应对那些一个人的日子后，内心也会在不自觉间强大起来，像是冬日里的暖阳，像是深秋里的那件大衣。那些积累起来的力量，会成为你日后奋勇杀敌的武器。

所以才有人说，一个人也是一支队伍啊。

人山人海，咱们边走边爱，愿你在这一个人走过的一段路上，找到那位真正的灿烂的自己。

梦是做出来的，不是想出来的

文／姚瑶

S有一份光鲜的娱乐圈职业，每天同各种一线艺人打交道，累的时候就飞去境外海岛度周末，购物的时候从不手软，还着房贷也毫无压力。毕业四年，我相信她是同龄人中过得不错的那一类。然而，并没有什么不错的生活会从天而降，砸到我们这些普通人身上，很多人羡慕她过得好时，只看见了台前的灯光，却没看见幕后的长夜。

四年前，S从天津的一所大学毕业，来到北京找工作，而我也是在那时刚刚认识她。她深知自己的起点比北京那些知名高校

原来一个人的力量，也是无穷的。

而漫长的人生中，有些路注定只能一个人走。

的学生矮了不少，所以从未好高骛远，先凭着自己写小说的本事，找到一个出版工作室，谋了一份编纂大众读物的工作。

工作室的主编是个非常较真、苛刻的人，重压之下坚持不住的年轻人走了一拨又一拨，唯有S一直在坚持，拿着1000出头的底薪，全靠编书多劳多得，下班回家也要编稿子到深夜。

而那时，她所谓的家，不过是二环小胡同里的一间小屋，房间只有几平方米，与别人共用厨房、浴室，洗手间更是远在胡同口的公厕，但她一住就是一年。

那一年里，我们从未听她抱怨过工作与生活环境，在我问起她未来的打算时，她说想做编辑，想进入电影行业，虽然有点儿遥远，但会努力找机会。

其实毕业后的一年，很多人一生的职业方向就被框死，而生活的洪流也会以最快的速度消磨掉他们曾有过的远大抱负。大家纷纷为自己的妥协寻找恰当的借口，拿“这就是现实”来为自己做挡箭牌。

但S没有，连我都要忘了她坦言过的理想时，一年后，她突然兴奋地对我说，要换工作了，去一个小公司，为大公司做影视宣传的外包工作。所以她说寻找机会，就是真的在找机会。因为一直给人踏实勤奋而又有想法的印象，所以通过长期合作的图书公司的影视版权部门，她得到了这样一个跳槽机会。

为了庆祝她一脚踏进影视圈，我们一起吃了饭。她再一次很认真地说，做编剧太难了，你看我们认识的那些作者，想要好好写剧本，不混圈子，不搞人际关系，凭本事吃饭，真的很难。没有人可以带我入行，我也不那么擅长讨好别人，所以我就“曲线救国”，先从影视宣传策划做起，多了解这个行业。

S身上最难得的一点是她一直知道自己要什么。这种清醒的自知并非天生，而是她从不肯松懈掉自己身上的发条，她要自己去想，自己去找，自己去一点点挖开挡在面前的那堵墙。

在这个小公司，S又做了一年。从茫然无知到可以独立制作完整的新媒体策划案，她从不是把每一个案子当作任务完成之后就交差了事，而是会思考。很快，在同我说起电影的新媒体宣传时，她俨然就是一个深谙其道的专家。

一年后，她的上司跳槽去了一家业内非常知名的影视公司，同时也把她推荐了过去。她开玩笑说自己大概是最好用的手下。

去了大公司，涨了薪水，换了环境更好的房子。在一个运转有序的庞大机器里，自身价值有时会被淹没，反而更容易偷懒混日子，但S没有。她像工作狂一样，一路高歌猛进。

因为各种各样的发布会和路演，她几乎没有周末，凌晨三四点下班回家更是常态。就算如此，她也没有放弃写作，依然坚持写小说和专栏，虽然作品不多，但从未想过放弃。

我认识的人里，很少有人能够像她那样。坐在地铁上被要求改方案时，她会立即跳下地铁坐在站台上打开电脑进行修改。和

当一个人懂得应对那些一个人的日子后，内心也会在不自觉间强大起来，

像是冬日里的暖阳，像是深秋里的那件大衣。

朋友吃饭时，手机里几十个工作群轮番轰炸，她都耐着性子一个一个处理。

很快她就得到了新上司的赏识，依然是因为她“好用”。工作上她从不讨价还价，也从不甩烂摊子给别人，交代到她手里的事情，就是比别人办得都稳妥，这是能力，更是心性。她从不骄傲，她说那些名牌大学毕业的学生怎么可能比我能力差呢，他们心不在这儿，也许这里并不是他们最好的选择，但目前这里就是我最好的平台，我是全力以赴、毫无保留的。

全力以赴，毫无保留，听起来颇有几分悲壮，可仔细想想，还有多少人会抱着这样的热情去对待生活呢？所以我们总说，你给出多少，生活便还以多少，在S身上，完全成立。

因为信任与了解，上司得知她也能写出一手漂亮的文字，便偶尔让她执笔宣传片的旁白，她果然也没有辜负期待，完成得很好。几次之后，参与剧本创作的机会便送到了她面前。

我没有问她实现梦想的感觉怎么样，因为这个问题根本就是为被500万彩票砸中的幸运儿所准备的。对于S这样一点儿一点儿亲手筑起自己梦想的人来说，没有惊喜，没有意外，一切都是理所应当的。

四年里，我看着她一点儿一点儿往前走，从狭小的几平米单间到独立的一居室，从不敢想能否在北京立足到与男友共同贷款买房买车，甚至开始储备未来给孩子的教育基金。

人生的起落有时候很不可思议，但若认真追索起来，却都是有迹可循。四年前的S没有想过窝在写字楼里编书的那个小女孩，在四年后可以管理一个策划团队，和一个个一线艺人的工作室打交道。成为编剧那么困难的事情她也一点点地做到了，虽然很难想象，但又是那么理所应当。

这个时代固然有这个时代的不好，但它最好的地方就是读书、识字、毕业工作的我们，想饿死还是很困难的。只要不是躺在床上做白日梦，总能找到一条路来改变自己的生活，赚足够多的钱让自己活得自由，有足够的底气去追求那些看似不可能的梦想。这一点儿也不羞耻，这样的努力，每一分都值得尊重。

我相信以后的S会比现在更好，也值得比现在更好，她真的是在“做”梦，而不是空有梦想，没有行动。所以我讨厌听那些没完没了的抱怨，没有人能够叫醒装睡的人，不肯醒来的人自然只有把好生活拱手让人的份儿。

你一无所有，你拥有一切

文／易小宛

1

记得几年前我看到一个小视频，一个年轻的姑娘从大连只身来到北京打拼，在她来北京的第二天，她的妈妈给她发了一条短信。妈妈说："我今年50岁了，我很想你。"她说她来北京工作一年了，一无所有，但是她觉得自己的内心很快乐。

一个写作前辈说，她和妈妈出门，路过了10年前实习和工作时住过的小区，小区还是以前的样子，只是水泥路重新铺了一下，砖楼重新粉刷了一下。她在自己曾经住过的小屋门口站了一会儿，想了想10年前，她每天都要回去，现在看起来都不知道当初怎么住得下去的地方，她住了两年。

年少轻狂，当时一点也不觉得苦，觉得有个地方蜗居，每天能安心地睡上一觉，还能洗澡、洗衣服，就是很开心的事了，哪管下水道经常会堵，厨房小得只有两平米转不开身？

后来她努力工作攒钱，够了最低的首付，她买了房子。她说那个小房子是给妈妈的，她想告诉妈妈：“我不会让你永远住在那样的房子里，我们的生活，还是会有希望的。”

我记得自己刚大学毕业的时候，一年内换了三份工作，每天倒好几趟公交车去上班，好像除了上班就是在上班的路上，有一次还遇到了小偷，差一点儿包里的钱包就被偷走，不过即使偷走，钱包里的钱也没超过100元。

有时候，公司还会组织发传单，大夏天我们穿着绿色的租来的服装，每个人都像战士一样给路过的行人发传单，估计在旁人看来我们的造型很可笑，像是一只只绿色的恐龙，但是满头大汗的我们并不觉得尴尬，好像在完成一件特别有意义的事情。

那时每天中午都回不了家，吃完工作餐之后，在办公桌上趴一会儿，想像几年后的自己到底是什么样子，好像对一切都充满

那时虽然一无所有，

但好像拥有最好的青春和激情。

了期待。下班后，我挤上公交车晃晃悠悠回家，每天回家路上陪伴自己的只有天上的星星。虽然累，但是我更喜欢那个时候无所畏惧、勇敢前行的自己。

那时虽然一无所有，但好像拥有最好的青春和激情。

2

我很欣赏的一个姑娘如今有了自己的大公司，生意做得风生水起，全世界各地来回跑，过着自己喜欢的生活，见识更好的世界。

当年她力排众议带着梦想去淘宝创业，没钱也不敢让妈妈知道，连吃40天最便宜的米粉，有时候凌晨在地板上打包睡着，不敢上床，怕睡过去发不完货，只能靠着墙角，闭着眼睛眯一会儿，365天全年无休，旺旺声音一响马上冲到电脑前……

其实她小的时候曾收到过七张病危通知单，医院通知家里她活不过12岁，要家里尽快准备后事。长大后她又经历过4次全麻手术，现在她的身体上手术疤痕还在，全家人日夜照料，看着她的身体越来越好，她觉得没有什么比活着更让人觉得幸运，既然死不了，那就可劲儿造。

时间是公平的，她会看到你的努力，你总会等到收获的那天。

痛苦只是暂时的，正如伊桑·霍克所说："没有什么是免费的。想要发光就要忍受焚身之苦。"

就像我很喜欢的一个网红，她与大多数年轻人无异，最初也是一无所有地来到大城市，始终用自己的方式坚持着一种成就自己的期待。

她混过豆瓣，也在天涯发过服装搭配的帖子，在转发过万的短视频之前，她也尝试过表情生动的动态图，玩过风靡一时的小咖秀。她在某个广告视频里坦言："这十二年间的每一个选择，我只是坚持，坚持给自己暗示，不放弃，在最无趣无力的日子，也要对世界保持好奇。谁知道自己想做的事情是什么，你知道吗？"

生活就是不断寻找自我的过程。我们努力地向上，除了让世界看到我们，更是为了让自己看到世界。

3

和珉嘉逛街的时候，路过一个文艺小书店，跑出来几个初中女生，美好得像是不染尘埃的棉花糖。她们拿着冰激凌欢快地说着学校里的趣事，说真期待快要到来的学校运动会，能参加短跑、跳高、接力赛……女孩子们边说边笑，声音都融到了周围的空气中。

珉嘉叹了口气，低头说：“你看，她们多年轻，好像拥有一切。”

我知道珉嘉这个月的房租又该交了，她刚换了新的工作，每天因为策划文案的修改而被领导骂，有时候凌晨都会被客户的无理要求气哭。她说，这些年里，从最初的一无所有，到现在的一贫如洗，她早就练就了一身刀枪不入的本领。

珉嘉不是不努力的人，她曾有一个很稳定的工作，后来结婚，生了小孩，为了照顾小孩，她辞了职，谁承想老公赌博输掉了房子，欠了一屁股债，还出了轨。

她的老公没有对她说一句抱歉，她离了婚，独自抚养孩子。

30岁的她，一切归零。

她说："生活好像很糟糕，房租又涨了，厕所被堵了，因为欠费停水停电了，厨房里蟑螂出没，楼道里又被对门丢满了好久不扔的垃圾，一场雨落下来，窗外下大雨，屋子里下小雨，但是看到孩子可爱的笑容，就觉得自己必须努力奋斗，大不了一切从头来过。"

她的眼神虽疲惫却充满了无限的力量。

有人说，我怎么敢倒下，我身后空无一人。

但是我想说，我们身后还有爱，有时间，有梦想，有勇气。

看似一无所有，实则拥有一切。

正是这些力量，支撑着我们前行。

谁都向往更好的生活，只是我们还不能忽略这一路上必须承受的艰辛。现在说起的"一无所有"，也许在若干年后就只是云淡风轻的谈资，毕竟，人生很长，还有很多路要走、很多难关要过。

当我们一个难关、一个难关地闯过去时，你会发现，每个人的生命中，都有最艰难的那段时间，将人生变得辽阔。

你以为是自己输在了起跑线，其实是别人赢在了终点

文／陶瓷兔子

大一刚开学的时候，有个读者来找我聊天，语气很沮丧，他高考超常发挥，被一所挺不错的985高校录取，喜滋滋地玩了一个暑假，却在开学的第一周，就感觉到压力山大。

宿舍里的几个同学都太优秀：一个早在高二的时候就拿了某英语演讲比赛的冠军；一个是数学奥赛的特长生；一个虽然成绩跟他差不多，但有个资产上亿，做老总的爹，眼界和能力都强他不少。只有自己既没什么本事又没什么背景，中学时期那点儿微薄的优越感散得一干二净，面试学生会的干事也在第一轮就惨败，他偷偷在学姐那儿瞄到了一沓入选者的简历，感慨万千。

没有谁是一开始就输在了起跑线上的，

我们以为的起跑线，其实就是人家辛苦奋斗了多年的终点。

“不是都说大学四年是人生的加时赛吗？那对于我这样输在了起跑线上的人，再努力又能跑出什么成绩？”他说。

我想了想，没忍心用“你不需要跟别人比，做好自己就是成功”等老套的鸡汤搪塞他，因为我也懂得那种感觉，好不容易赢过了千军万马、跨过了独木桥，带着满身的疲惫只想落脚歇一下，却看到别人清清爽爽地站在起跑线上，装备齐全，斗志满满，而灰头土脸、气喘吁吁的自己，怎么看都没什么胜算。

我是在大三实习的时候，第一次尝到这种绝望。录用我的是一家很有名的公司，经过了三轮面试和两轮笔试，我终于等到了日思夜想的邮件通知，觉得自己挺厉害，每天在宿舍看看美剧、翻翻书，也能得到不错的机会。

就这样，我怀着“自己是幸运大赢家”的想法一身轻松地玩了两周跑去实习，而打击也来得那般不期而至，跟我分到同一个前辈手下的是一个来自广州的姑娘，明明跟我同年，却有着出奇丰富的职场经历。在我还纠结着如何做数据透视表时，她就已经能将三四个函数嵌套在一起得出一组漂亮而又有说服力的数据了；当我在大会上像听天书一般听着老总介绍公司主要业务和重点客户的时候，她已经懂得拿着财务报表跟前辈讨论市场利润的变化趋势。

高下立判，那样明显，以至于用不着外人说，我已经在她面前自惭形秽地抬不起头来。那时候，我很绝望，觉得自己真的很倒霉，职场刚开始便遇到了劲敌，对方还没出招，我就已经毫无还手之力。

一起入职的其他人传出小道消息，说这个姑娘本来就是某老总的独女，自幼被父亲带在身边按照接班人的标准培养，只等积累够经验，毕业之后就职自家公司的总经理。

要说对她心无芥蒂，那都是骗人的话，我默默地把这个消息记在心里，在每一个被她比得光芒尽失的时刻，都自我安慰道："人家可是公主，我一个普通人比不过她也是正常现象，谁让自己输在起跑线上了呢？"

因为明知自己输得彻底，我连拼一把的劲头都失去了，每天干完分内的事就早早下班，只等着暑假结束混一张实习证明就回学校去。

我从没想过她会主动约我喝咖啡，在大家吃完散伙饭，次日就要回到各自城市的那个下午，她笑吟吟地挽住我，说："认识好几个月了，我们都没有好好聊过天，明天就要走了，聚一聚吧。”

反正今后也不会相见了，我这么想着，对她坦白了自己的羡慕、忌妒和心灰意冷，她听完后沉默了一会儿，忽然问我：“那你知道我上了大学之后的每一年都是怎么过的吗？我每天上完课都要在图书馆坐4个多小时，考了记者证和金融风险管理师，从大一开始就利用寒暑假在企业帮工，有时连工资都没有，还要加班到半夜，而这份实习，是我的第五份工作。

“你其实很优秀，只不过比我晚起跑了3年而已。”她这样安慰我。

我这才知道，关于她家世的传说全是谣言，她跟我一样，父母都是工薪阶层，而她的优秀，并不是来自于天赋或是家世的加持，而是在我怡然自得的3年中，她在没日没夜赤手空拳地拼搏。

没有谁是一开始就输在了起跑线上的，我们以为的起跑线，其实就是人家辛苦奋斗了多年的终点。

之前有读者问过我，二十几岁的年轻人最应该培养哪一方面的能力。

我想了很久，才慎重地给出了自己的答案：培养纵向的时间观。

这世上有谁的成功是横空出世的呢？

因为年轻，我们难免幼稚，认为人生是一场不可逆转的博弈，输在了开头便再无翻盘的机会，又因为短视，看不到胜出的机会，便连参赛的入场券都想丢掉。

当你看到的人生不是一个连贯的整体，而是被分割成以天为单位时，我们便看不到努力的意义，转而关注投机和运气。

这世上有谁的成功是横空出世的呢?

你看到的胸有成竹，是别人犯过很多次错误后的顿悟；你看到的举重若轻，是别人跌过无数次跤后的自省。你看到的那些闪闪发亮的光环，也从来都不是从天而降，不过是一个人咬牙走了很久的夜路，才为自己点亮的一盏灯。

懂得看到过去，才能明白生活是每一天、每一夜的叠加，你如何度过昨天，就如何度过今天，你如何度过此刻，就如何度过未来。

而懂得看到未来，才明白一个人30岁时的起跑线，是由20岁的自己决定的，社会是个多赛道的大操场，有时你刚刚起跑，别人却已到了终点。

你可以停留在原地自怨自艾，也可以选择立刻开始追赶，为下一个10年中的自己创造公平竞争的机会。

正如那句古老的英国谚语所说：“种下一棵树最好的时间是15年前，其次是现在。”

追赶永远比等待有效，因为运气只眷顾不言放弃的人。

毕竟人生那么长，输一场有什么可怕?

有一个爱好
比有一个爱人更重要

文 / 海欧亭亭

我们终究要在卸下盔甲的时候，寻一个自在的方式行走。

我们终归要在失去爱人的时候，有一个避难的栖息之处。

1

收到一条读者留言："海欧姐姐，我和男朋友分手了，我那么爱他，为什么还是不能和他走到最后呢？我的爱情没有了，爱的人也不见了，我好难过啊，没心情上班，不想化妆，不想出门，我不知道以后该怎么办了。"

我回复她："亲爱的姑娘，有一个爱好，比有一个爱人更重要。哭一场，然后擦干眼泪，随便学个什么感兴趣的东西，插花，烘焙，琴棋，书画。实在不行，就制订一个旅行计划，学着热爱大地万物。"

失恋，是一个永久话题，永久得比爱情本身还久。许多人这一生陷在失恋苦痛里的时间，比热恋在一起的时间还要长。失恋之后的第一件事是什么呢？我觉得应该是哭一场，除非你没有付出过真心，流不出眼泪。

然而，哭一场足矣，不要给自己第二场、第三场的机会。因为，除了爱一个人，我们还有很多重要的事情要做呢。

2

我在深圳某家公司任职总监的时候，带的团队里有一个刚毕业的姑娘，聪慧机灵，长相甜美，接受能力特别强，我有意栽培她成为主管。

还在考核期呢，我就发现这姑娘不对劲了。先是她接二连三地迟到，人事部发来了警告，然后她干脆请假晚到，请假原因是身体不舒服。后来，我找她谈话，在公司的玻璃会议室里，我看得出她心里有事，但她似乎不愿意说出来。

下班后，我约她去公司楼下的咖啡馆。离开令人紧绷的工作环境，咖啡馆的柔和情调终于令她说出了自己的苦衷。

原来，她这段时间正在和男友闹分手呢。

两个人似乎有难以调和的矛盾，又或者是三观不同，总之，就是争吵不断。男朋友也是年纪轻，脾气冲，经常气得她什么也不想做。

“是的，什么也不想做。”这是她告诉我的原话，听得我十分心惊。

我没有想到，一个小小的爱好，竟然能强大到令生活完全好起来。

享受晨曦，享受春光，享受生活，慢慢成为一种自然而然的状态。

比如，男友会在半夜打来电话，为一点儿小事和她争执，继而两个人能隔着电话吵到天亮。

比如，男友会在吵架后玩失踪，手机关机，通信工具一个也不上线，不回复。

再比如，男友会故意在微博上和前女友互动，不知是有心作乱还是故意气她。

于是，这些事情都成为她不来上班的理由，自己应付糟糕透顶心情的理由。

她问我，如果在男友提分手的时候她挽留一下，两个人是不是会有不同的结局。

我说，结局是什么并不重要，你应该问你自己，会不会幸福。

她看着我，想了半天，最终神情苦涩地回答我："应该不会。"

“为什么？”

“假如我们结婚了，我还得忍受他的失踪乃至夜不归宿，还得对他和前任的互动睁一只眼闭一只眼，还得吵没完没了的隔夜架，我想我会疯掉的。”她说。

我拿咖啡杯碰了碰她的杯子，说：“祝贺你，你想明白了。接下来，我期待你在工作中的表现，相信会有惊喜。”

她朝我郑重点头。“以后，迟到、早退这样的事情不会再发生了，年终考核之前，我会交上令你满意的成绩单。”

我说：“在这之前，你可以培养一个爱好，度过难熬的失恋期。同时，确保你今后很长一段时间不会再做傻事。”

3

大学毕业的那年冬天，我谈了两年的恋爱以失败告终。我清楚地记得当时的感受，悲伤得无以名状，生活有些绝望。那是距离网上疯传的“世界末日”最近的日子，2012年12月，还有几天地球就要毁灭。可我的爱情居然比地球更早毁灭，这令我难以释怀。

我是个要强的姑娘，我以为我爱的爱情也如我一般强壮，没想到却挨不过异地恋的第一个严冬。所谓脆弱的爱情斗不过风雪，大抵是这个样子。

失恋之后，我咬着牙接受了自己单身的事实，我想，单身就该有个单身的样子，有单身的骨气。

谈情说爱占据了我日常的大部分时间，我似乎很久都没有听一听自己内心的声音了。我的闲暇时间，是不是可以用来做点儿其他事情?

那晚在深圳地铁1号线上，我忽然听到一首久违的曲子，是林海的《琵琶语》，在嘈杂的车厢里，听得我心潮澎湃。

我是个要强的姑娘，我以为我爱的爱情也如我一般强壮，

没想到却挨不过异地恋的第一个严冬。

所谓脆弱的爱情斗不过风雪，大抵是这个样子。

我当即做了个决定：学古筝！

我用一个月的工资，去报了距离住的地方最近的古筝培训班。课程安排在周末，每周两节课，每节课时长不到一小时。教我的老师说，琴是一门技艺，所谓技艺，就是日积月累的磨炼。因此，每晚下班后我直奔琴行，练琴一个小时，再去吃晚餐，回家睡觉。

一个月后，我那反复压弦的指腹已经磨出了茧，再弹的时候已不再疼痛，而我也已经忘掉了旧男友。我用当月的一半工资买了一把楠木古筝，从此只用在家中练习。

那段时间，我的睡眠质量格外好，夜里11点入睡，早上6点自然醒。梳洗完毕后，我会坐下来，练一个小时的摇指。

因为住的是租来的房子，隔音效果很不好，我怕吵醒周围的住户，便想了一个法子来练。我用左手将琴谱压在琴弦上，右手练指法，如此一来，弹的时候便没有了声音，却不耽搁练习。

在面对摇摆不定的旧情时，说一句："你别来，我无恙。"

再往后，弹古筝已然成为我在浮躁的都市生活中的一种慰藉，令我始终能够在喧嚣中拥有属于自己的安静一隅。

从此，人生不再有比愉悦自己更重要的事了。爱情的失落，工作的起落，人情的冷落，都不足以打垮自己。

我没有想到，一个小小的爱好，竟然强大到能令生活完全好起来。享受晨曦，享受春光，享受生活，慢慢成为一种自然而然的状态。

4

我见过太多的姑娘，自从恋爱之后，便再无属于自己私有的时间。她们小心翼翼地经营着自己的感情。其实这并没有对错，只是，爱人固然重要，却不一定永远属于你自己。而爱好，却能伴随你一生。

况且，就算是和所爱之人修成正果，两个人终究还是两个独立的人。

弗吉尼亚·伍尔芙在《一个自己的房间》里这样说："女人要有自己的房间，在里面独立思考、读书和写作。"

诚然，这是一个女作家式的生活，但"读书和写作"，说的就是爱好，而房间，其实就是空间。你要有属于自己的空间和时间，去做自己喜欢的事情。

可以在爱情不如意的时候，失情抚琴。

可以在面对摇摆不定的旧情时，说一句："你别来，我无恙。"

5

我曾采访过一位经营手作工作室的姑娘。插花、烘焙、缝纫，她把生活过得有声有色。

她的工作室位于闹市中的一方小院，每一间都是一个不同的天地，有不同的老师，教授不同的手作课程。

由于我们相谈甚欢，我常去找她玩，没事的时候还去她那里写稿。后来，我发现了一个问题，她已经过了30岁，但身边似乎没有男伴。她活得很独立。

某次午后闲聊，我问她："你还是单身贵族吗？"她笑着说："不是，我已经结婚8年了。"

我惊愕了。

"是不是看我从来没有让我家先生露过面？"她嘿嘿一笑，接着说，"其实我从小就喜欢手工创作，就想着以后能拥有一个属于自己的手作天地。我是个一心到底的人，这些年，无论恋爱或者成家，都没能改变这个初衷，可算是坚持下来了，而且一天

爱人之前先爱己，这才是爱情最好的模样。

比一天更加坚持。”

“那你先生支持你吗？”我问。

“支持，我坚持的事情他都支持，因为他知道，对于我认定的事情，他支不支持都没有用，我照样会做，哈哈。”

我不禁赞叹。

“其实他也有自己的事情要做。他超级喜欢冲浪和摩托艇，这会儿估计正在他的海边度假屋教人冲浪呢！”她眯起眼睛，大概是因为脑海中充满了冲浪先生的模样，目光变得十分柔和。

原来他们都有自己的爱好，并且互不干涉。浮躁的都市生活，往往令人迷失方向。拥有一个坚定的爱好是多么难能可贵的啊。

相爱的同时，更让自己——也让对方——尽情舒展。又或者，正是因为意志坚定地爱着一个爱好，才使得他们学会爱另一半，尊重另一半。

爱人之前先爱己，这才是爱情最好的模样。

为什么你会觉得努力是一件痛苦的事情

文／尹惟楚

1

曾经有个读者对我说：

“人生太难了，学生时代要努力学习，步入社会要努力工作。老师告诉你只有努力学习，以后才能找到好工作。父母催促你必须努力工作，以后才能拥有更好的人生。

“似乎所有人都在宣扬一个论调：只有拼了命地去努力，才能不被别人拉开太远，才能让自己的生活看起来好那么一点点。可是，努力真的让我觉得恐惧而又痛苦不堪。”

有些人知道自己想要什么，明白要得到这些东西需要付出什么。

哪怕过程再苦再累，眸子也永远都是熠熠生辉的。

她的这番话道出了当下很多人的心声。

当我们谈论学习与工作，甚至上升到人生这些话题的时候，永远都绕不开两个字：努力。

可是，努力就意味着必须远离安逸，无休止地付出。于是，在绝大部分人看来，努力自然就被当成了一件隐忍而又痛苦的事情。

我说："你努力过吗？"

她说："当然。"

我说："你为自己努力过吗？"

她似乎没有听懂，我继续解释："不是因为旁人的期待，也不是为抽象而缥缈的未来，而是实实在在地为了某一个目标，甚至某件事情、某样东西。"

她给了我一个否定的回答，然后继续问："这有关系吗？"

"当然有。"

我们对努力最大的误解便是，我们总是习惯无动机地强迫自己去拼命，并直接给它打下努力的标签。因为没有了期待，再多的付出都变得毫无意义，所以总会陷入无端的痛苦之中。

其实，当我们为某一个心之所向，甚至期待已久的目标去努力的时候，从来都不会觉得努力很难，更不会觉得痛苦。

2

第一年高考败北后，我加入了复读大军。

最开始的时候，我下决心要好好学习，但高强度的教学方式，高密度的课程安排，让我坚持了不到半个月，便信心全无。

我很想放弃，回到从前那种得过且过的生活状态。但复习班恐怖的学习氛围，家长、老师的循环催促，让我只得逼迫自己去努力，至少要保持一种看似努力的状态。

在这种不想却又不得不为的思维状态里，我觉得一切都糟糕透了。

当时坐在我后面的是一个长期稳居班级前五的“钉子户”，除了本就繁重的课时学习，以及已经延长的早晚自习外，他还会抽时间学习，每天的睡眠时间少得可怕。

让我费解的是，他似乎很满意这种学习状态，从未露出哪怕一丝不耐烦或者厌学的情绪。

我问他："你这么努力，不觉得很痛苦吗？"

"痛苦？"他的眼睛睁得很大，似乎很是费解为什么我会说出这个词语。

"难道不是吗？"

他说："我偶尔会觉得累，但从未感觉到任何痛苦。相反，我很享受这个过程。"

我继续用一种诧异的眼神望着他。

他说："我们之所以选择坐到这里，还不是因为没考上自己理想中的学校？无选择也好，不甘心也罢，都是既定的事实。其实，你应该先想想努力后可能会得到什么，这样才不会觉得痛苦，也更有动力。"

他的目标是厦门大学，他把写着"厦大"二字的字条贴在了桌子上，贴在寝室的墙上。他说，一想到以后可以在这所全国最美的大学里度过四年时光，立刻就有了无尽的动力。

我现在多努力一点点儿，就意味着向它靠近了一点点儿。

这是一件很幸福而又很有成就感的事情。

当努力让你觉得痛苦的时候，停下来，先尝试去确立一个目标。

如果你已经有了自己的方向，那么可以先试着去想象一下目标实现后的喜悦。

3

我突然明白了，这就是决定一个人觉得努力痛苦与否的根本原因。

有些人知道自己想要什么，明白要得到这些东西需要付出什么。哪怕过程再苦再累，眸子也永远都是熠熠生辉的。

还有些人从一开始就毫无方向，只是因为旁人的期待，因为环境的逼迫，因为别人努力而努力。

我刚去一家公司上班的时候，发现有个同事总是每天第一个去办公室，下班后又是最后一个离开，打扫卫生，整理资料，看起来非常努力的样子。

后来熟悉了，却发现事情并非我想的那样。

他总是向我们抱怨，抱怨做不完的项目书，抱怨必须24小时随时待命，抱怨明明不想上班，却还要强迫自己去努力。

我说："你喜欢这个行业吗？"

他想了想，说："不知道，但至少不讨厌吧。"

我说："那你有什么目标，或者短期的计划吗？"

他摇摇头，说："没想过。但是现在社会竞争这么激烈，大家一个个又都这么拼命，我也只能一起努力啊。”

他不讨厌这个行业，也没有自己明确喜欢的事情，能够保持这种态度其实也还不错。但他和很多在煎熬中保持上进的年轻人一样，他总觉得努力是一件痛苦但又不得不为的事情。

其实于他而言，最大的问题是缺乏努力的具体目标，一个让他有所期待的正确动机。比如考证，独立接洽项目，甚至以后自己创业……

可能他唯一的动机就是亲人的期待、与同龄人的比较，以及对未来无尽的迷茫与恐慌。

可是没有目标、没有期待的努力，就像没有方向的跋涉，越快越挣扎，越用力越痛苦。

4

当努力让你觉得痛苦的时候，停下来，先尝试去确立一个目标。如果你已经有了自己的方向，那么可以先试着去想象一下目标实现后的喜悦。

而在此之前，永远都不要急着去努力，更不要随意给自己打上努力的标签。

甚至，如果无论怎样，努力都让你痛苦不堪，那么干脆放弃吧。

很多时候，那些需要你觉得痛苦才能实现的事情，最后的结果很有可能只是半途而废，劳而不得。哪怕最终得到了，也可能发现并不是自己想要的，只会觉得索然无趣甚至毫无意义。

人最大的劣性就是生性懒惰，只愿意享受，而不懂得“有付出才能有收获”的真正含义。而人最大的悲哀就是没有目标，活得短视，视野中只有眼下的苟且，却看不到苟且后面的诗与远方。

你起早摸黑地背单词，是因为考过了托福、雅思，你就可以去国外拓展自己的眼界与格局；你夜以继日地赶项目，是因为项目完成后，你不但可以获得一份可观的收入，更能获得同事的认可、领导的赏识；甚至你努力地把摆在眼前的瓜子嗑完，也是因为你知道嗑完的一瞬间，可以感受到强迫症带来的快感……

努力从来都不应该是一件痛苦的事情，就像在幽暗的长廊里摸索着前行，又无比笃定尽头的拐角肯定有光明。

汗水
不必让全世界知道

文/陈大力

1

我认识一位姐姐，之前在上海一家小文化公司做广告文案。我跟她约在咖啡厅闲聊时，讲到对未来的规划，她纤弱的手指利落地轻敲杯沿，眼里迸射出欣喜："我呢，准备过段时间跳槽到大一些的外企，多积累点儿经验和资源，然后……争取以后自己开个工作室。"

她细致地描绘工作室的图景，房间要复式的，双层，敞亮，在上海副中心的小巷子里，闹中取静，落地窗，几排简朴的办公桌，搭上蓬勃生长的绿植……她会准时浇水剪枝，亲自喂养这些生命，仿若喂养一个始于贫瘠，但终将葱葱郁郁的梦想。

这段壮志昂扬的剖白，很快被两人热烘烘插科打诨的俏皮话所搁置。我并没有往心里去。

好几年后，我从学校步入职场，跟她交情渐疏，只余微信朋友圈点赞之谊。前阵子的某天，我深夜写稿疲惫时刷新朋友圈，突然看见她更新了一条：工作室终于建好了，感恩自己这两年多来的付出。

看到她朋友圈里的照片，我猛地回忆起几年前她所描述过的对工作室的梦想，如今看来，竟几乎都已成真。工作室位于文化街区里一个咖啡厅旁的拐角，装修别致，空间错落，虽然只有十余人办公，但足以令人钦羡。

我对她这两年的经历来了兴趣，回头翻看她的朋友圈，却发

房间要复式的，双层，敞亮，在上海副中心的小巷子里，

闹中取静，落地窗，几排简朴的办公桌，搭上蓬勃生长的绿植……

现并没有汇报中途进展的状态。我朋友说，她像是“突然地”一转头，被命运吻了一口，便跌落在“理想成真”的大结局怀里。

但我知道事实并非如此。后来我写书，重新找她约谈，问她是怎样一步一步走到今天的。

她说，她其实很笨的，知识底子薄弱，天资也不太足，刚毕业在小文化公司做广告文案时，总是一条文案改十来次还被驳回，常被骂得狗血淋头。于是她不断地改进，学习，报了很多线上写作课程，买专业书籍恶补广告知识，直到周围人开始对她的文案赞许有加，她知道，是时候跳槽了。

千辛万苦跳到外企，进去时，她是工作链最底端，所有无趣的粗活、低级工作，部门里的人都甩给她，她说有好几次，她是在公司独自加班到凌晨两点，去咖啡厅凑合睡一觉，第二天直接继续上班。期间她遭遇过的冷眼不少，捉弄不少，难缠的客户也不少，是在很久以后，她才在这一行站稳脚跟的。

她讲起往事来云淡风轻，但在我听来，句句是铿锵血泪。

我问她："你经历了这么多，我却一无所知，因为你在朋友圈里从未提起过。为何不提？"

她笑了，说："当我决定做一件事的时候，我需要做的是：明确目标，划分步骤，怎么从A到B，从B到C；当我决定做一件事的时候，踏踏实实去做就好，我不想发在朋友圈里，让大家赞美我多么吃苦耐劳、前途无量，这会预支掉我达到目标时的成就感，滋生起矜贵心、懒惰气，和不必要的表演欲。"

2

这让我想起自己有一段时间备考，每天早起去图书馆后，都会拍照后发在朋友圈里，一本书，一杯咖啡，一句英文鸡汤，架势摆得够足，明显是翘着脑袋求赞的。

但其实发完朋友圈，在真正看书的时候，我时常三心二意。一会儿听首歌，一会儿玩个游戏，最重要的是，会不断地点开朋友圈查看最新的点赞和留言，在溢美声中忘乎所以。

劣根未除，等到大四的时候，我开始健身了，又习惯性地去朋友圈里邀赞。进了健身房，别的不做，我先来一张运动装备的自拍，然后修图20分钟，陶醉10分钟，斟词酌句发完了朋友圈，这才慢吞吞地开始热身。

诚然，生活需要一定的仪式感，去对冲庸常的情绪消耗，但我们要警醒的是，当我们提前把自己为之努力的成果搬到朋友圈吆喝展览，旁人出于礼貌的捧场时，很可能扰乱你的视听，拖累你前进的步伐。

“努力”是一场持久的战役，一场漫长的苦旅，它并不胜于谁把姿态摆得好看，而是谁能摒除了浮华之声，两耳不闻窗外事，一门心思，低头耕耘。

一旦“努力”搭上表演欲，便显得单薄无着，生活中吃到一丁点儿苦，便在社交网络上即时更新历程、长篇赘述，最后往往

“努力”是一场持久的战役，一场漫长的苦旅，它并不胜于谁把姿态摆得好看，

而是谁能摒除了浮华之声，两耳不闻窗外事，一门心思，低头耕耘。

容易滑落为自我感动。如此看来，倒不及等过程真正孕育出成果，再在朋友圈里亮相，惊艳众人。

3

我认识一位蛮有才的姑娘，人生理想是不上班，只靠写字吃饭。处在毕业迷惘期的时候，她给自己的未来规划，是旅行专栏作家——即使累，危险，钱少。像这样摇摇晃晃风里来雨里去的职业，家里人自然无法接受，同她不断地拉锯掰理，争执不让。

她心里也是很困扰的，不断地向我们这圈儿朋友诉苦，直到后来她开设了自己的公众号，因为文采斐然，公众号火速涨粉、盈利，她的人生顺风顺水，已经成立了自己的文化公司，月入6位数。

之前，她无数次的犹豫，挣扎，熬夜赶稿的苦楚，并未在朋友圈里展览毫厘。她是在几乎日进斗金了过后，才在朋友圈里更新自己四处旅行的状态，罗马、埃及、好望角……新来的看客们啧啧称奇："这是富二代吧？"

只有我们这群老朋友知道，她刚起步时，也是囊中羞涩，只能徒手打拼；只是所有艰辛的过程，她深埋在心，从来没想过要向全世界宣告，那只不过是撒娇、打滚、求安慰罢了。

很久以后我又想起她的事迹，我越发钦佩。在追名逐利的年纪里，能够不去过分看重外界的褒扬或贬损，心如明镜，只专注于自身成长的品质，实是难得。

人的成长应当历经从"外放"至"收敛"的过程，如何跟生活面对面过招，如何惊险走步，抑或留下皮肉之伤，这些通往终点的路上的琐碎的石块，自己揣在兜里就好，不必为它们裱框纪念。真正的努力，反而是一个噤声的过程，一是因为专注目标，无心中途领赏；二是深谙这世界诱惑颇多，在尚未功成之前，率先沾染了心浮气躁的习气，无疑是成功的大忌。

汗水何必让全世界知道呢？等你用一路积攒好的石块，盖起了一座完好的城堡——到那时再去告诉大家，欢迎光临，才是真的痛快啊。

人品，是一个人最硬的底牌。

人品的好和坏，决定了一生的成就。

最贵是人品

文／苏心

1

我把W拉黑了。

是的，拉黑。电话、微信、QQ，通通拉黑。

前年，在一次笔会上，很多人都围着一位50多岁的男人，有种众星捧月的感觉。我向身边的人打听他是谁，说是作家W。W的名字，我早就听说过无数次了，心底顿时暗生仰慕之情。

吃饭时，W竟然和我邻座，我小心翼翼地做了自我介绍，想不到W非常热情，说看过我的文字，特别喜欢我的写作风格。

这种夸奖是最容易让我兴奋的，就像夸自己养的孩子好一样，比夸我漂亮还有效。刹那间，我对W的好感指数增加了三颗星。

我们边吃边聊，一顿饭下来，俨然多年的好友般，谈得非常投机。

后来，我经常在微信上向W请教问题，他会不厌其烦地回答。有时，我发了文章，他会给我说一下不足之处，毕竟是写作多年，他每次提出的建议也不乏建设性。我都想带着礼物上门，正式拜他为师了。

那天，W在微信对我说：自己在交汽车保险，手头的钱不够，有一张存折还差10天到期，如果提前取，利息就没了，问我能不能先转给他一些钱。

我没有犹豫就同意了，一是基于一直以来对W的尊重；二是数额在我可以接受的范围内，我当即给他微信转账了。

半月后，想起W说过存折10天到期，然后就还钱的话，我去微信找他，结果发现，他竟然把我删除了。我有点儿蒙了，不是没想到过这种万里挑一的情况，想不到的是，一念成真。

我拨打他的手机，倒是没有拉黑，只是打了无数遍都无人接听。我只好去QQ给他留言，问他什么时候还钱。几天过去，没有回复。再留言，还是没有回音。我知道，肯定是被W放鸽子了。

W很聪明，对人性了如指掌，他一定认为相隔千里，我不会为了那点儿钱找上门去，更不会浪费精力打什么官司。可他的信用额度，在我这里一下子用光了。

莫言说："一时的虚情假意，也能陶醉人，但终会留下搪塞的痛、敷衍的伤。有的人，注定是给你上课的。"

一时的虚情假意，也能陶醉人，但终会留下搪塞的痛、敷衍的伤。

有的人，注定是给你上课的。

呵呵，W就这样给我上了一课，从此山高水长，遥遥不再相望。

2

去年，公司技术总工退休后，老总一直想从几位技术骨干中提拔一位上来。有资格竞争的人，大都挖空心思和公司关键性人物拉关系，这个位置，薪资待遇仅低于总经理，谁不想百尺竿头更进一步啊。

总经理办公时，我拿着几份技术骨干的资料一一介绍，最后，老总拍板决定，任命L为公司技术总工。

这个结果有一些出乎意料。L一直在车间担任技术指导，平时就像个闷葫芦，很少说话，只低头做事。在这次竞争中，几位副总都推荐了技术总工人选，只有L是人力资源部门根据用人标准推荐的。在大家一脸的疑惑中，老总说明了提拔L的原因。

L学历算不上高，但他工作很努力，用心学习，常下一线，技术水平绝对可以挑大梁。最重要的一点，是他品质好，敬业负责，对产品提出并推动过多次改进，为公司创造了可观的利润，却从不邀功。这次竞选，有资格参加的人，都使出浑身解数拉票，只有L按部就班地工作，像此事与他无关一般。这种德才兼备的人，不就是我们需要的人吗?

公司的用人原则就是老总制定的：有德有才重用，有德无才培养使用，无德有才慎重使用，无德无才坚决不用。

白岩松说过：“人品是最高的学位，德与才的统一才是真正的智慧，真正的人才。”

是的，只有人品和学识相辅相成，才会让一个人走得更高更远。

3

1920年，徐志摩在英国邂逅了一身诗意千寻瀑、万古人间四月天的林徽因。她就像一轮明月、一盏清茶，让徐志摩深深坠入爱河。

这时，梁思成也走进了林徽因的生命中。

她在两个男人间难以抉择，既被徐志摩的才情所打动，又为梁思成的体贴而感动。她去征求父亲林长民的意见。林长民正在书房中写字，听女儿倾诉了内心的纠结后，提笔在纸上写了一行字：梁，可堪托生死之人。

林徽因当即懂得了父亲的心意，梁思成是值得托付一生的人；而徐志摩虽然才华横溢，却让人觉得不怎么靠谱。单从他日后离婚时，对妻子张幼仪那决绝的态度来看，这个多情的诗人，确实不是一个值得信赖的人。

婚后的种种证明，林徽因的选择是正确的。梁思成用一生，包容、尊重、宠爱林徽因，让她在婚姻中，活得肆意飞扬。

是啊，所有的关系，无论是友情还是爱情，最终拼的都是内在的品质，再多的套路，都比不过“赤诚”二字。

人品，是一个人最硬的底牌。人品的好和坏，决定了一生的成就。

品质好的人，无论走到哪里都像自带光芒，在人群中熠熠生辉。纵使不争不抢，也总会有贵人相助，一生顺遂。

走过浮生万里路，人与人之间，无论始于什么，到最后，都只会终于人品。

人生最贵是人品。

只在年少时拥有青春，是件可惜的事

文／韦娜

最令我吃惊的事情，莫过于年轻人说自己老了，但这似乎也是每个年轻人都喜欢感慨的事情。一个插画师对我说：“我再也不能熬夜了，真的老了。”

“可以不熬夜了，但你还是很年轻的。”

“没有，我都23岁了，自己都觉得自己老了。”

“那你都老了，我是不是可以入土了？”

“我只知道自己是老了，你是怎么理解年轻的呢？”

“我觉得年轻就是有着鲜活的欲望，并拥有愿意为之努力和付出的决心。还有，人不会老去，年龄不是衡量老的标准，除非

最令我吃惊的事情，莫过于年轻人说自己老了，

但这似乎也是每个年轻人都喜欢感慨的事情。

他自甘堕落。”

和这个23岁的年轻人对话，他一直强调自己的衰老和无力，我真是有点儿抓狂啊！一个23岁的男孩，他的人生才刚刚开始，甚至还没有开始，怎么可以如此沮丧？

他对我说：“你不懂我，我患上轻度的抑郁症，我想念去世3年的父亲，经常梦见他。我很自卑，觉得家境太差了，除此以外，我的薪水也很低，找不到可以突破的点。以前的工作只是熬夜，现在的工作就是通宵。你说，我的人生还有救吗？对了，你23岁的时候，在做什么呢？”

我的23岁啊，让我想想啊，若眼前的插画师不提醒，我真的误以为，我像他那么年轻时，就已经意识到23岁时光的宝贵。

20多岁的时候，也恰好是我人生最迷茫的阶段，每天都觉得很孤独。

记得刚来北京的时候，我22岁，辛苦地寻找第一份工作，走了一家企业又走了一家企业，却没有通过面试。一天晚上，我给一个大学同学打电话哭诉：“我觉得自己面试不上工作，多半是因为自己长得不漂亮，我老了。”恰好我那位大学同学刚失恋，她也矫情地回应：“对，从毕业的时候，我就觉得自己老了。”

那时，我穿着破衣裳，总也找不到合适的工作，失恋了，从不会想自己的问题，总觉得全世界的人都背叛了我。下一场雨，我都会伤感许久，最喜欢看悲伤的电影，心里酝酿悲伤的情绪。这种状态其实就是老啊，不然就是病态。

那时，我踱步在北京电影学院里，看着擦肩而过的男男女女，内心满是羡慕，却不肯迈出步伐改变自己，一遍遍给大学同学打电话求安慰，却不知道如何拥有更好的自己，或变成更好的自己。我真的很害怕那时的状态。

那时，我曾幻想嫁给一个有钱人，让他帮助我走过人生最困难的时候，因为当时我还在还大学的学费贷款，每个月都要拿出来1000多元还给银行。生活真的很困顿，却不敢向父母开口求助。看着身边漂亮的女孩子，“小镇姑娘”是我不敢开口的忧伤。

想到这里，听到这个23岁的男孩对我抱怨，说自己老了，我大概能理解他了。

23岁时的每天晚上，我都会画插画，模仿书上的插画，画了一张又一张。去面试的时候，我就拿着这些插画，给面试官看。我清楚地记得有一个做化妆品销售的女主管说：“你得醒醒，认识到世界的残忍，你这些东西是没有人会看的。”我还记得有一个出版社的编辑说：“你写作的功底有点儿差，画画的功底也差，这不是我想要的。”

仔细想来，我那时的忧伤、悲观也不亚于眼前这个23岁的插画师吧！

但同时，我又是那么幸运，因为我真的只活在自己幻想的世界中，内心始终带着美好的念头去想一些事，去做一件事。我依然坚持画啊，写啊，坚持了两三年，虽然很绝望，但我每天都带着一些幻想，跑到操场上，对着空气练习，假如我的书出版了，面对读者时我该说些什么……直到一个编辑找到了我，直到我出版了第一本书。

第一本书刚刚上市的时候，我激动得好几个晚上都睡不着。仔细想来，坚持还是有意义的，只是那个意义没有兑现的时候，我们特别容易着急。一个否定，一个讽刺，都可能会葬送一个梦想，或初心。

在一去不复返的日子中，呼吸的每一秒都是年轻的，

价值连城，那时的灿烂，无可取代，好好珍惜眼前，就是活在当下的时光。

然后，我特意拿出来最初的那些画、写的那些故事来看，不禁羞愧得面红耳赤。20多岁刚刚开始的阶段，画的那些画，的确很差，我自己都看不上那时的习作。再看我现在的文字和绘画作品，我觉得自己冷静、成熟了许多，现在笔下的这些文字读起来更为舒服，没有之前一直涌动的情绪化，也没有那么焦躁不安。

那个插画师又问我："年轻的时候，我们应该做什么呢？"

其实完全可以拥有很多很多的期待，以及欲望，对了，除此之外，你还要动手去做，成为真正的行动派。商业广告上的那些标语都是真的，电影里逆袭的故事也都是可以发生的，这个世界从不说谎，尤其对肯流汗拼搏的年轻人来说，一切都可以逆转，也可以改变。

最重要的是，你得找到属于自己的生活，以及生活方式。去做你擅长的事情，你喜欢的事情，你愿意为之付出一切的事情，就像爱一个人一样，拼命去爱你喜欢的一切。

我所理解的23岁，真的就是人生最青葱、最阳光的时刻，最有资格试错，也最能说抱歉的岁月。我所理解的年轻，就是我们有欲望，并愿意为之付出。真的，人生有很多机会，也有很多路，这却不是最难的，最难的是，无论你做出哪一种选择，都要承担相应的现实。

23岁，多么年轻，只是听到这个数字，我就觉得它好像在闪闪发光。我真的羡慕他，也羡慕这个数字，甚至羡慕那时的迷茫。因为迷茫是好事，说明你思考了，剩下的时光，只需要拿着木棍，把头顶的乌云敲碎。你不可能一下子就赶走所有的乌云，还可能会一边流泪一边懊悔，一边敲打一边痛苦，这个过程，我们称之为成长。所以，别放弃。

每个人都有或迷茫，或痛苦，或不堪，或挣扎的23岁，因为我们走在这世上，或慌张，或不安，或纠结，或不知所措，必须走过这些阶段，人生才有可能转弯。

终有一天，我们会明白，在一去不复返的日子中，呼吸的每一秒都是年轻的，价值连城，那时的灿烂，无可取代，好好珍惜眼前，就是活在当下的时光。

愿我永远活在23岁，别老去。

只有终其一生，才能找到真正的自己

文／素手纤云

1

公园附近有一家女子会所，集中了护肤、健身与保养。因为很正规，价格也算公道，吸引了很多热爱美及生活的女孩子。我也经常会在写稿后或者旅行归来时，跑去泡个药浴放松一下。

美容师是一群年轻的女孩，青春妖娆，闲时喜欢聚在一起聊娱乐八卦，但经常接待我的盼盼有些不一样。每次我都能看她捧着书在看，很特别，所以印象深刻。后来她知道我喜欢写文章，

如今这个世道，我看过太多肤浅的努力，

但还有人选择孤独前行，只为了未来能体面地活着。

主动和我聊起理想。

她说自己的理想是做一名会计。虽然很难将美容师与会计联系在一起，但我总是会认真倾听。

她的父母重男轻女，读到高中时便要盼盼辍学打工支持弟弟。因不满意父母的安排，她辗转来到这家会所，老板很好，也支持她看书学习。

盼盼说，她一直努力地学习护肤手法，但从未忘记过理想。

她说自己一直在自学，早就通过了会计初级职称考试，正在准备考中级，每晚回到出租房都会认真看书。因为底子太薄，又没有工作经验，她只能死啃书本。好在她买了网上课件，一遍听不懂，听两遍。

“姐，您不知道，网上的老师讲课讲得太好了，多听两遍就能听懂。您知道吗？光是练习题我就做了三大本！”她用手比划出一个厚度。

如今这个世道，我看过太多肤浅的努力，但还有人选择孤独前行，只为了未来能体面地活着。

2016年10月，我从外地归来，接待我的是另一个女孩子。她说盼盼不干了，她通过了会计师考试，也找到了新工作，在一家小公司做出纳。

命运可能亏欠过你，但通常会通过另一种方式还给你，只是需要努力。将来再回头看时，所有的安排都是合情合理的。

2

梦想是种子，我们随时可以在人生这片沃土上播种它，从年少到年老。

去年，女儿刚刚参加完高考，刘姐就一个人飞去了澳大利亚。

那天，她玩得很嗨。在澳大利亚的海滩上，她跳了一次伞。她说当风在耳畔呼呼吹过，降落伞在身后打开，自己像鸟儿一样翱翔时，她才感觉到生命的悠哉，那种高瞻远瞩的美妙感，是半生都没有过的。

刘姐说，旅行就是重新找回自己。年轻时，她就爱旅行，但因为家庭观念重，她不想离开年幼的女儿，便暂时没了自我。等把女儿送进考场的那一刻，她才感觉完成了使命，于是开始重新审视自己的生活。年轻时走遍世界的誓言依稀在耳边回响，她甚至等不及女儿的高考成绩出来，就开始奋力地从旧壳中挣脱出来，顿时感觉天地都大了一圈。

那一个月，她走遍了东南亚和澳大利亚。为了开阔心胸，她去的全是热带海滩。碧蓝的海水、湛蓝的天空，和年轻时想象了无数遍的天堂生活一样。这个梦想埋藏得太久了，久得让她一度认为，生活中除了女儿与家，就什么都没了。但梦想如同清泉，渐渐将她从焦虑空虚中唤醒。

旅行归来后，她又背着相机去附近拍山拍水，拍花拍人，去海边吃海鲜，去学习茶道艺术，去学跳舞……她年轻时所有快乐的种子像幼苗一样破土成长。

很多女人在孩子离巢后，会感到失落惆怅，甚至将这种情感转移到老公那儿，生出烦恼，但刘姐却活得充实而快乐。她说，

苏格拉底说过，世上最快乐的事，莫过于为理想而奋斗。

所有弓的使命都不是把箭矢留在弓弦上。当箭流星般地飞向远方后，留在原地的弓，也该有它的新天地了。

而她的新天地，就是实现梦想。

3

苏格拉底说过，世上最快乐的事，莫过于为理想而奋斗。

的确如此。

新书上市的时候，我经常能收到读者的信息：

写作的题材来自于哪里？

都是真实的吗？

你写了别人会不会生气？

你是兼职还是专职？

各种问题，层出不穷。几乎每一条，我都会认真地回复，却发现问题其实不是问题，有些事，只要想做就有时间。

我有工作，只是在5年前开始写作。在夜里，还得抽出时间大量地阅读。当然，那个时候，你可能在睡觉、喝酒、K歌、游泳。我也有过投稿无门的经历，但我会买来无数本杂志研究栏目，会主动加编辑的QQ，聊写作需求。我也曾在退稿时怀疑过自己的能力，更因为写不出好文章而差点儿放弃。

但我依然坚持每天写稿看书，慢慢地开始收到散发油墨香的样刊，开始被约稿，到后来开了公众号，被编辑留言邀约出书，直到现在新书上市，一年签了3本，被采访，被宣传。

没那么复杂，我的坚持，是因为从未忘记初心。

一件事，如果只停留在想想，那终究只是想想。努力是力气活，是坚持和隐忍，需要憧憬和期望来配合。

4

很多闲妇混夫，一边嗑瓜子喝小酒，一边咂舌八卦，喜欢斤斤计较与蜚短流长，这样的人是没有梦想的，即使有过，也成了笑话。这种人总嘲笑自己没努力过，因为努力必须仰着头，是学而时习之，是吾日三省吾身，是食无求饱，居无求安，敏于事而慎于言的。

别在想看书时没时间，别在想健身时吃不了苦，别在想升职时不努力，别在想旅行时羁绊太多。想做一件事，必须跳出舒适区，否则梦想就成了笑话。

有一句话："为什么你听过那么多道理，依旧过不好这一生？"同样，为什么有过那么多梦想，你却从未实现？

因为梦想不是想出来的，它需要脚踏实地，只有终其一生，才能找到真正的自己。

遗憾的是，世人总有妄念，以为立竿见影的自然现象也适用于社会现实。

人生没有捷径，你只管走好脚下的路

文／婉兮

1

前几天，一个朋友的弟弟加了我的微信，希望我给他推荐几本书看。他说：“我也爱好文学，想通过写作迅速逆袭。”

小伙子今年大二，会计专业。但他对数字并不感兴趣，学起高等代数来总有力不从心的苍白感。无奈之下，他便想出了“曲线救国”的办法，决定放弃经济，选择文学，在文字世界里开创出一片新天地。

我给他推荐的书是《诗经》和《唐诗》。他大为不解，话语间流露出不满，以为我不肯倾囊相授。

他说：“我看这些书，能得到什么呢？能不能让我马上写出一篇好文章来？”

我问：“你看书，难道是为了马上就得到什么？”

他答：“否则我看它干什么？我想要的，是马上会写、马上写好之类的窍门。”

我回了四个字：“抱歉，没有！”

这是实话，不带一点儿敷衍。作为思维输出的一种，写作需要强大的知识和信息输入为后盾，但这个过程是日积月累的，绝非一朝一夕可得。

我没有告诉他，许多作者都熟读文学经典，而且保持着每天读书写字的习惯。

和世间的一切工作一样，写作也无捷径可走。唯有一步一个脚印的努力，长年累月的坚持，才是放之四海皆准的成事真理。

遗憾的是，世人总有妄念，以为立竿见影的自然现象也适用于社会现实。太多人把时间花在寻找捷径上，而忘了低下头看看脚下。其实脚下那一条，才是真正的光明大道。

2

我的闺密桃子，毕业那年进了一家建筑设计院，起薪1500元，勉强够租房和穿衣吃饭，日子过得捉襟见肘，狼狈不堪。

那时，她只穿得起夜市上的地摊货，一双板鞋破旧了也不舍得换。下雨天，她蹚着水去上班，脚底湿透却还装作若无其事，与同事谈笑风生。另一方面，她却常常需要加班，牺牲许多休息

太多人把时间花在寻找捷径上，而忘了低下头看看脚下。

其实脚下那一条，才是真正的光明大道。

时间去研究复杂的结构设计图，回报与付出，似乎并不成正比。

我们聊天时，她偶尔会吐苦水，向我倾诉一番生活的艰辛不易。

有一次，我劝她辞职，再找一份相对轻松的工作。她听了，正色说道："不，其实我现在还在学习阶段，这个过程必不可少。"

当年和她一起进入这家单位的，还有个姓陈的姑娘。小陈受不了反反复复地改稿与加班，在入职4个月后，义无反顾地递交了辞职书。往后的几年里，她都在各种行业间跳跃徘徊，当过销售、做过文员，到了现在，依旧在纠结该做家庭主妇，还是开一家网店。

而桃子早已度过煎熬期，成为了当地小有名气的设计师，工资翻了好几倍，业余时间还接一些私人订单，轻轻松松给自己挣来大额零花钱。

最初进入社会时，年轻人都有雄心壮志。看到的都是诗和远方，眼前的艰辛劳苦似乎都带着些苟且的意味。

可是一味盯着远方，难免会陷入好高骛远的思维误区，反而松懈了眼前的基本功。

事实上，到达远方的办法只有一个，那就是一步步去走。因为人生这条路，不通飞机，也没有高铁，唯一的交通工具，只有自己的一双脚。

3

但行好事，莫问前程。

我想到俞敏洪说过的一句话："我当初做新东方，仅仅是为了生存。"

俞敏洪是农村出身，经历过三次高考，前两次连普通大专都没考上，第三次却出人意料地考上了北大。这份意外惊喜让他明白了，很多自己认为不可能做成的事情，都有可能变成现实。

年轻时的他明白了努力的价值和意义，却不确定自己将走向何方。但有一个信念是坚定而清晰的，那就是自己必须往前走，未来一定要比今天更美好。

在他想出国却屡屡碰壁时，为了谋生，俞敏洪开了一个英语辅导班。新东方的第一个辅导班，只有十几个学生。当时的俞敏洪，心里只有一个简单的念头：认真教好这十几个学生，多赚一点儿钱，把日子过得好一点儿。他把所有精力都放在了课程的研究改良里，只着眼于眼前之事，慢慢地，吸引来了一批又一批学生，在各省市成立了一所又一所分校。

后来，新东方成为了一个年培训学生100多万人的教育集团，蜚声国内，在美国上市。

据说许多年轻人在进入社会的第一年里都会感到茫然。

4

据说许多年轻人在进入社会的第一年里都会感到茫然。

理想远远地描摹出了一个轮廓，却因为岁月阻隔而看不真切。那时的我们，不明白应该怎么处理远大理想和身边小事之间的关系，也不明白一个人应该有怎样的做事态度才能成功。

然而，谁的青春不迷茫呢?

可能你从未意识到，这迷茫正源于模糊的远方。所有的焦虑和困惑，都是因为你不知该如何走到想去的地方，或者，你根本就不知道自己想去哪里。

这种感觉，就像满身的能量无处释放，憋在体内会内伤，表现在明面上，就成了一种茫然的忧伤。

能拯救你于水火之中的，是舍去模糊的远方，尽力去做好手边清楚具体的事情。

拿俞敏洪的话来说，就是："只要努力做好眼前的事，知道自己在不断努力向前就行。这样你就离成功不远了。"

再远大的理想，都需要一步步去实现。罗马不是一天就建成的，不积跬步则无以至千里，这都是简单朴素的道理。

人生的大部分烦恼，都源于想得太多却做得太少。

所谓的活在当下，也不过做好眼前事，走好脚下路，珍惜眼前人。这是一切成功和幸福的起点。

偶尔抬起头去看看目标，别忘了为什么而出发。其余时候，就埋着头认真赶路吧。

一步一步地往前，总会走到春天。

坚持，
是我们这个时代的一门行为艺术

文／卷毛维安

不知道什么时候，坚持成了我们这个时代的一门行为艺术。大多数人不理解，小部分的人沉浸其中并自得其乐。

那些人的坚持很沉默，很缓慢，似乎和这个快节奏的世界格格不入。在这个“干货”大行其道的时代，他们会显得有些窘迫，但他们不卑不亢地沉溺于日常，不羡慕那些火力全开、鸡血十足的人，反而按着自己的节奏一步一步，走得不慢，却从未停歇。

这些心无旁骛的“艺术家”其实是很“可怕”的，比如小

一步一步地往前，总会走到春天。

爱。小爱曾是班上一个并不起眼的女同学，现在每次一提起她，大家都是满满的羡慕和佩服，感叹她是我们班的黑马，后来居上，赢得漂亮。

这个转变的过程，她花了3年多。

大一时的小爱胖胖的，不腼腆，脸上总带着笑，笑起来小脸肉嘟嘟的，活像一幅年画。她的性格活泼而积极，特别是在英语课上。还记得大一的某节英语课上，小爱主动回答了英语老师提出的问题，她一开口，说悄悄话的、玩手机的、打瞌睡的同学都瞬间回过神来，被这奇异的发音吸引住了：小爱是南方人，平常说话就带着乡音，说英语时尤甚。她的英语并不好听，还带着很浓的口音，让我们都大开了“耳界”。并不是故意想要笑她，尽管大家已经尽可能地对新同学保持着友善和礼貌，却还是有调皮的男同学忍不住窃窃私语：“她是在说英语吗？还以为她在说广东话呢。”

小爱大概也明白了自己“引人注目”的原因，发言的声音渐

当一个人为一个目标被动向前的时候，大家并不觉得有什么奇怪。可当外界毫无压力和要求，一个人却主动地坚持着某件事情，事情就变得可怕起来。

渐地小了下去，到后来上英语课就再也没有回答过问题。老师鼓励地望着她，她却逃到了最后一排。我们都以为小爱被打击到了，打算放弃英语，却不知道她是一个无比倔强的姑娘，不是不说，只是躲到了无人的地方，才敢大声起来。

这些都是有一天小爱的舍友无意中说到的。小爱再也没有在课堂上当众读或说英语，只有一个人在洗澡的时候才小声地背诵几句。更多的时间里，她都是在图书馆楼顶的楼梯间里一个人朗诵，伴着音频跟读，或者去外面上口语课。

她的桌子上总是摆着一本厚厚的牛津字典，哪怕大二结束我们已经不用上英语课了，小爱依然坐在自习室里的某个角落看着英语书，背着单词。如果你经过楼梯间，还能听到楼顶传来一个女孩子背诵课文的声音，磕磕绊绊的，口音没有那么重，却还是说不上好听。她每日都如此，当我们把英语书塞进床底的箱子，庆幸于再也不用背单词的时候，小爱的英语书依然摊在桌子上。

有很多人不理解她，因为我们这个专业对英语的要求其实并不高，完全没必要把时间花在纠正发音上面。只要不出国，不从事和英语相关的职业，完全可以省下时间来考证、旅游。大家只觉得她怪，觉得她这个人做事一根筋，不懂“从实际情况出发”。

当一个人为一个目标被动向前的时候，大家并不觉得有什么奇怪。可当外界毫无压力和要求，一个人却主动地坚持着某件事情，事情就变得可怕起来。

大三下学期我们都开始找工作、准备考研，有同学说我们班有个同学已经进了一家互联网公司做专职口译，你猜是谁？是小爱！小爱真的花了3年在英语上死磕，纠正了口音，词汇量丰富。她成为了一群穷学生中“先富起来”的人。

有同学说这个小爱还真是厉害啊，怎么忽然之间悄无声息地就把英语给学好了，是不是有什么窍门啊。她的舍友感叹：“你要是这3年基本上每天都早起去跑步，然后背单词，背到说梦话都讲英语，你应该也可以。”

小爱现在整个人意气风发，坚持运动让她瘦下来不少，化点儿淡妆，还真可以说得上漂亮。我们都说她是蛰伏已久的黑马，她却笑着说：“刚开始是真的气不过，后来就习惯了，一天一天，感觉自己变得不一样了。

“其实也没有什么特别的方法，我这个人不聪明，就只能每天坚持做，让时间来改变。”

想起朋友圈里背单词打卡的人不少，早起叫嚣着“自律改变人生”的人不少，唯独少的是这些什么都没说、默默蛰伏着、某天忽然惊艳众人的人。他们的坚持并不总是被别人理解，但是他们却很明确自己在做些什么，苦是自己扛，乐也是自己享。

坚持，意味着不愿意选择捷径，不把希望寄托在“干货”和“速成班”里，踏踏实实地一步一步走，每一步的艰辛都自己亲自丈量，山高水长，别人只懂得那广阔图景多么壮丽，你却觉得每一分一毫的草木都熟悉可亲。

看似战术上的胜利，

实际是态度上的败绩。

第一次在书店里看到自己的随笔集的那天，我忍不住躲到无人的地方哭了一场。那本书翻来或许只需要几个小时，但背后却是我两年多的坚持。我在宿舍断电后的阳台上写，在看电影看到一半时坐在门口的楼梯间写，在即将闭馆的图书馆里写，在回家的火车上写，在很多不被人看好和认可，好像撑不下去的时光里写。我念叨过无数次“写完这篇就不写了”，却没有真正停下来过。

这是我自己的生活哲学，是我乐在其中的行为艺术，纵使外界无法理解，但自己明白，要做成一件事情，总要有点儿“献身精神”。别人总是拿结果来褒奖和装点你，却不知道你在无人看好的岁月里独自奔跑了好久好久。

我总会遇到好奇讨教的人：“写作有没有什么诀窍，给点儿干货吧？”

我也只能苦笑：“多读，多写，坚持写，就是最干的干货。”

哪有什么捷径可言？生活早就把路指明了，只是路途遥远，很多人觉得到达终点的时日遥遥无期，想省时省力，想一步登天，殊不知捷径一般都是下坡路。生活把一切都看在眼里，对那些付出多的人总是慷慨。

这个时代的确给了我们很多科学技术上的恩惠，可做成一件事情的本质其实并没有改变太多。我斥责以“干货”为外壳实则是“套路”的捷径，这就如同我们从小就看过的《作文大全》，背几个排比句构成的模板，以为任意套用就能万事大吉。

看似战术上的胜利，实际是态度上的败绩。

坚持是一件很难的事情，难就难在好似蒙眼徒步向前，前路未卜，却又不忍就此停下。坚持又是一件很值得的事情，因为时间总是充满价值，一件事情会随着你的坚持而改变，变得光彩熠熠。

北岛在《时间的玫瑰》里写过：“当鸟路界定天空，你回望那落日，消失中呈现的是时间的玫瑰。”或许总有人不理解你的日复一日，但当你手捧时间赠予的礼物时，那是别人羡慕却永远讨不来的。

坚持是我们这个时代的一门行为艺术，如果可以，我愿意用一生去践行。

所有焦虑和困惑，都是因为你不知该如何走到想去的地方，

或者，你根本就不知道自己想去哪里。

人生不必追求“流行款”，不如过成“经典款”

文 / 小木头

1

旅行途中，只要有女人，就会有购物时间。

在新西兰的旅行中，总是有人谈论这里最好的是羊毛制品。因此，不管是去大商场还是礼品店，游客无一例外总是会跑去看羊毛衫。

最开始的两三天，大家都没有下手。已经在当地生活了十几年的导游大概见惯了这种情形，解释说："这里的羊毛制品是比较好，但从款式上来说都比较简单，有点儿过时，不像国内那么多花样。"

经他这么一说，游客才恍然大悟：好像的确如此呢！

无论是颜色还是款式，跟国内相比都要"差一大截"，以设计简单大方的款式为主，没有太多装饰，也没有太多花样，虽然摸上去真的是手感舒适让人爱不释手，但是真的没有那么容易一见钟情！

我在基督城坐飞机去奥克兰，机场遇到一个金发碧眼的女孩。她穿着一件简单的白色羊毛衫，外面随意搭着一条厚厚的披肩，看上去慵懒又时髦，成了一道亮丽的风景线。

仔细看看，那件羊毛衫不就是商店里最简单、普通的款式吗？

原来，只有最经典的款式，才耐得住各种搭配，百看不厌。

10多年前，我看《老友记》时，特别喜欢瑞秋的各式衬衣。全是简单的款式，翻领、合身，白色、粉色搭配裙子或者裤子，无一不令人印象深刻。

时尚的风潮朝夕万变，唯有经典款经久不衰。

2

我们总是习惯性地追求流行——流行的服饰，热门的专业，大行其道的生活方式，甚至，流行款的人生。

这年流行绿色，那年流行荧光粉，来年也许穿宝蓝色才是最时尚的。

“热门专业”这个词更是人人都很熟吧。我们高考的时候流行的是“市场营销”，不少同学并不了解这个专业，只是因为热门就去报考，毕业后从事了完全不喜欢的工作。

"生活在路上"的念头人人都有，但未必人人都适合。

人们就像追逐风筝的孩子，天空中写着“流行款人生”的风筝一直在飞啊飞，一会儿左，一会儿右，一会儿高，一会儿低，我们仰着头努力看着，追着，跑着，不看脚下的路，而只是任凭那股看不见的风来左右自己的人生方向。

人人都在谈论断舍离，好像只有疯狂地扔东西，才能显示自己的生活是入时的；周围人都在跑步，好像必须买齐行头晒晒跑步路线才恰如其分；有人辞职去旅行，于是大家都蠢蠢欲动；“生活在路上”的念头人人都有，但未必人人都适合；看到那么多热血沸腾的创业故事，于是认为朝九晚五的上班族太过时了，一头扎进创业大军进入最潮的部分……

多少人迷失在“流行款人生”中，天天跟着变来变去，最后却发现找不到自己的喜好，寻不到自己的方向，回顾自己的生活，茫茫然什么都没留下……

3

无论是生活还是人生，都该有自己的方式。

时尚的风潮朝夕万变，

唯有经典款经久不衰。

有自己的腔调，懂得自己适合什么，了解自己需要什么，渐渐目标清晰地去追求自己想要的东西。

有一份喜欢的工作，认认真真地去完成，在付出和劳作的过程中获得报酬也获得成就感。热爱本职工作本身就是一件很酷的事情啊！

不喜欢现在的工作？那就努力积累，努力学习，直到有能力去换一份自己喜欢的工作。

布置一个喜欢的家，跟家人和朋友好好相处，能够在生活中汲取力量慢慢前行，有资格，也有能力让自己成为一个自在的人。

有自己的喜好，无论是读书，旅行，还是运动，不会随着周围风潮的改变而随意变化，不会因为别人都在做什么就成为其中的拥趸，喜欢并且坚持，这才是能够持久的理由。

这样的人生，看起来不怎么起眼，太过简单，没有绚丽的外表，没有耀眼的光芒，甚至没有能够成为人们热议的潜质，但那又怎样呢?

你把生活过成自己想要的样子，你拥有的人生是独一无二的，这不就是最好的吗?

品质好的人，无论走到哪里都像自带光环，在人群中熠熠生辉。纵使不争不抢，也总会有贵人相助，一生顺遂。

作者简介

李尚龙

畅销书作家、中国优质新偶像、青年导演、编剧、考虫网联合创始人。在不断努力、拼搏的人生道路上，出版了畅销书《你只是看起来很努力》等。

辉姑娘

本名吕辉，水瓶座。

毕业于中国传媒大学。曾从事出版、杂志、广告、影视、音乐等行业。

出过书，写过歌词，拿过几个文学小奖。摇摇晃晃，以梦为生。喜欢在世界各地游走；喜欢我手写我心；最喜欢倾诉和倾听，记录下那些浮沉过往，用以证明“故事里才有人生”。著有畅销书《一切都是最好的安排》等。

杨熹文

2016年亚马逊年度新锐作家，一个住在新西兰房车上的姑娘，热爱生活与写作，相信写作是门孤独的手艺，意义却在于分享。新书《人生没有白走的路，每一步都算数》火热销售中，讲述一个姑娘如何在异国用野路数从一无所有到诗和远方。新浪微博@杨熹文，微信公众号：请尊重一个姑娘的努力（neversaynever30）。

Jenny乔

自由撰稿人。用女人的方式生活，用男人的方式思考。理性成功、感性成长。微信公众号：Jenny乔。

米粒

一枚无公害的暖心段子手。热爱旅行、烘焙和写作，曾经背着背包游历了20个国家，是一个不管到了多少岁，都还希望自己能比昨天再进步一点儿的奋斗咖。著有畅销书《为了梦想，拼尽全力又何妨》，新书《你的美好，要靠自己成全》火热销售中。公众号澳妙无穷（miliDDD），微博@我是米粒D，简书@米粒。

韩大茄

土建造价工程师。白天搬砖，晚上写作，只写犀利、温暖、有趣的文字，不鸡汤，也暖胃。微信公众号：韩大茄（xiaban88）。

雾满拦江

著名作家，自媒体人，“心学讲武堂”创始人，幽默写史领军人物。他擅长透过复杂表相揭示事物本质，往往一针见血，直击核心，发人深思，为千万读者所称道。已出版图书60余种。

李月亮

高人气自媒体人，畅销书作家，专业解决情感里的疑难杂症，及人生中的纷繁谜题。

用温柔而又有力的笔触，探寻有品质、有力量的生存之道。已出版《愿你的生活既有软肋又有盔甲》等。

桃啃笙

思想上的女王，生活中的好姑娘；外形上柔情少女，心理上变形金刚。重口味纯情少女，文艺青年，随性而活。已出版《愿你不再脆弱，也无需假装坚强》。微信公众号：taokensheng。

谷润良

处女座处男，情感“砖”家，十九线青年作家，微博名谷润良，公众号谷润良（ID：grlgzh），出版散文集《是你自己不努力，说什么怀才不遇》。

许许如生

典型狮子座，从事编辑工作多年，爱文字，爱美食，爱生活中所有的小确幸。已策划出版畅销书《别在吃苦的年纪选择安逸》等。微信公众号：zaxrk01。

李清浅

古道热肠的侠气姐姐，善解心事的知性闺密。每天跑步5公里、书写2000字、亲子共读1小时的忠实践行者。即使生活给了我一地鸡毛，我也要把它扎成漂亮的鸡毛掸子。微博@清浅李，个人公号：李清浅（wliqingqian）。

小北

小北，一路向北文化传媒有限公司创始人、中国知名情感主播、畅销书作家。著有《这善变的世界难得有你》《遇见每一个有故事的你》。

姚瑶

作家、翻译、摄影师，著有《天冷就回来》《失眠症患者的夜晚》等，译有《绿山墙的安妮》《像本这样的朋友》《我和狗狗一起活下来》等，到目前为止做过最有勇气的事就是把爱好统统变成职业，热爱新鲜的水瓶座，放弃过很多，庆幸把写作这件事坚持了下来。公众号：姚瑶。微博@姚瑶vagrancy。

易小宛

易小宛，80后。18岁创作《焰火熔城》获得2003年全国第二届“新作文”杯作文大赛三等奖；19岁创作《月夜情思》获得2004首届全国“少年之星”创新作文大赛一等奖。之后做过记者、写过专栏。2011年加入内蒙古作家协会。2016年出版畅销读本《活成自己喜欢的样子》；2017年出版新书《因为走过，所以懂得》。微信公众号：易小宛小时光。

陶瓷兔子

一个将日子过成段子、将心事写成故事的鸡汤少女。一个坚信知识就是武器、技能改变命运的天蝎姑娘。山高路远，只愿陪你并肩一程，共同成长。微信公众号：taocituzi77。

海欧亭亭

曾用笔名海欧，获得过省级新闻奖。天秤座，白天一本正经，夜里形态待定。想写很多故事，活得生猛大义。已出版作品《多少不凡，只因不甘》等。

尹惟楚

自媒体达人，微信时代暖男励志作家，知名网站热门作者，简书签约作者，见习段子手。深邃不乏幽默，理性不失温度。新书《和这个世界温柔地对抗》火热销售中。微信公众号：yinweichu0707。

陈大力

95后新锐作者，浙江大学硕士在读，微博@陈大力大力陈，微信公众号：陈大力。已出版《怕什么前途未知，进一寸有一寸的欢喜》。

苏心

专栏作者，自媒体人。驰骋职场，也热爱文字。关于职场，关于生活，关于婚恋，关于女人，我手写我心。微信公众号：苏心（suxin98498）。

韦娜

横空出世的新锐作者，著有畅销书《世界不曾亏欠每一个努力的人》，新书《不认命，就拼命》火热销售中。西南交通大学广告系毕业，《意林》公益演讲师。她用感性的笔触描写了理性的世界，温暖而不失冷静，文艺又不失优雅。微信公众号：weixiaoyi5211。

素手纤云

作协会员，公开发表小说、散文计百万字，作品散见于《读者》《意林》《博爱》等杂志。已出版《从容淡定做自己》。

婉兮

90后，熬鸡汤、讲故事，我有酒、有茶，还有鸡汤，你有没有故事，要不要说给我听？微博 @婉xi，个人公众号：婉兮清扬（zmwx322）。新书《那些打不败你的，终将让你更强大》火热销售中。

卷毛维安

人气电台主播，自由撰稿人。写温而不沸的成长与生活，愿望是成为迷人而丰富的某某。新浪微博：@卷毛维安；微信公众号：维安记；个人电台：蓝绿调频。

小木头

写作者，烘焙爱好者，小确幸收集者，已出版作品《最好的时光刚刚开始》，打理一个女性励志公众号“自在小木头”。新浪微博：小木头的美丽人生；微信公众号：自在小木头。

事实上，到达远方的办法只有一个，

那就是一步步去走。

图书在版编目（CIP）数据

唯有努力，不负光阴 / 人民网移动中心主编. -- 北京：中国画报出版社，2017.9(2018.2重印)

ISBN 978-7-5146-1551-7

Ⅰ. ①唯… Ⅱ. ①人… Ⅲ. ①成功心理－通俗读物 Ⅳ. ①B848.4-49

中国版本图书馆CIP数据核字(2017)第216998号

唯有努力，不负光阴

人民网移动中心　主编

出 版 人：于九涛

责任编辑：郭翠青

助理编辑：魏姗姗

责任印制：焦　洋

出版发行：中国画报出版社

地　　址：中国北京市海淀区车公庄西路33号　邮编：100048

发 行 部：010-68469781　010-68414683（传真）

总编室兼传真：010-88417359　版权部：010-88417359

开　　本：32开（880mm×1230mm）

印　　张：8

字　　数：150千字

版　　次：2017年9月第1版　　2018年2月第2次印刷

印　　刷：三河市华润印刷有限公司

书　　号：ISBN 978-7-5146-1551-7

定　　价：42.00元